ちくま文庫

テレビは何を伝えてきたか

草創期からデジタル時代へ

植村鞆音・大山勝美・澤田隆治

筑摩書房

目次

テレビは何を伝えてきたか——草創期からデジタル時代へ

第1章　テレビ放送がはじまった

ラジオからテレビへ

植村　昭和28年にテレビ放送が始まって半世紀以上が過ぎ、来年（2011年）、テレビはデジタル放送に完全移行します。

　戦後の復興・民主化の一翼を担い、基幹メディアとして発展を遂げた民放テレビ・ラジオも、社会環境の変化やインターネットを中心とする新たなコミュニケーション手段の普及で岐路を迎えております。

　この間、特にテレビ放送はどのように進化したのか。草創期から番組制作にかかわり、放送史の生き証人でもある大山勝美さんと澤田隆治さんとともに、一度きちっと検証・総括してみようということで、このシリーズをスタートさせることになりました。

大山　私はラジオ東京（現・TBS）テレビの開局（1955年）の翌56年に入社試験を受け、内定してすぐに現場に配属となりました。

当時は「ラジオ東京」にテレビがくっついていた、「ラジオ東京テレビ」が社名。メインはあくまでもラジオで業績がいいんです。だから、ラジオの人はテレビを嫌がった。「テレビへ行け」と言われると、主流のラジオから見放され、未開の植民地へ飛ばされる感じで、「テレビにだけは行かせないでください」って上司に土下座する人もいた。

就職難で、テレビに集まったのはぼくたちのような新卒と、ラジオから嫌々来た組、NHKの経験者、それと映画・演劇からの流入組。世はまさに映画・演劇の全盛時代でしたからね。新興のテレビになど来たがらないから、はみ出し者や問題児、いわば非エリートのアウトローが多かった。

特にオールドメディアから来た人たちはみんなブーたれて……（笑）。酒飲むと、自分を追い出した出身母体を愚痴る。舞台出身者は「なんだ今の芝居は」、映画出身者は「なんだあの映画は」って郷愁を酒で紛らわし、「テレビなんて電気紙芝居じゃないか」とニューメディアをこき下ろす。「こういう先輩たちと一緒なのは嫌だな」

と思いながらも、野武士ふうの存在感があり、負け犬のエネルギーがむんむんしていた。開局当初は、どこの局も似たようなものだったんじゃないでしょうか。

澤田　私は大阪の朝日放送に55年（昭和30年）入社で、最初はラジオです。大阪にはまだ民放のテレビ局はなかった。大阪テレビ（後の朝日放送テレビ）の開局は56年（昭和31年）の12月ですから。53年に民間放送のラジオができて、大阪では新日本放送と競り合いながら東京の民放局とネットを組み、やっと安定した時期でした。

人気お笑い番組の公開放送はいつも超満員。みんな台本持って椅子に座って、マイクロフォンが2本立っているところへ順番に行ってセリフをしゃべる。それを見てお客さんが笑ってた。花菱アチャコさんの『お父さんはお人好し』（NHK、54〜65年）でもそうでした。

入社して制作部に配属されたら半年ぐらいで、まもなく開局する大阪テレビの準備で先輩がゴソッといなくなった。新人なのにラジオ番組づくりを次々に任されて、ほとんど会社で寝泊りという状態でした。

公開番組専門で、入社2年ちょっとで民放祭番組コンクール（現・日本民間放送連盟賞）の聴取者参加番組部門に、担当している番組2本に「上方寄席囃子」という企画ものの3本出したら3本とも受賞した。「よし、これで俺はラジオでやっていけるぞ」って有頂天になっていたら、突然「テレビに行け」と内示があった。絶対に嫌だった。

というのも大阪テレビが開局した時すぐ見学に行きました。サブでディレクターの仕事を見ていたら、両脇に音声と照明がいて、正面には3台のカメラが撮る映像のモニターがあって、台本を見ながらみんなに指示している。ラジオとは違いすぎる。これは聖徳太子のような能力がないとできないとその時に思った。ラジオに熱中してテレビにはまったく興味がなかったから、「ぼくには無理です」と言ったら、「業務命令だ」と。断わるとどうなるか聞いたら「クビだ」とすげなく言われて、泣きの涙で当たっている番組を後輩に渡して大阪テレビへ行きました。新人に逆戻りで、一からテレビの勉強です。

ところが大阪でも民放のチャンネルが増えることになって、大阪テレビは朝日放送と合併(59年2月)。ディレクターも半数は他局へ行くというので、にわか勉強でディレクターもやらされた。一生の仕事になるなんて思ってもいなかった。

正力松太郎と街頭テレビ

植村　草創期のテレビといえば、なんといっても街頭テレビを思い出します。

大山　あれが日本のテレビのスタートダッシュを築いたと思います。正力松太郎(注1)という怪物が、豪腕で、周囲をぐいぐいと巻き込んでいって、理屈じゃなく顔とパワーで強引に開局を指揮した。

じつはこの話は最初、正力さんとは別の動きから始まっているんです。アメリカにド・フォーレというトーキー（映像と音声が同期した映画）や三極真空管を作った人がいて、日本にトーキーを紹介する繋ぎ役になった皆川芳蔵氏宛てに、アメリカではテレビがすごい勢いで普及しているから、日本で一緒にやらないかという手紙を出した。48年のことです。皆川さんは自分の手に負えないというので、鮎川義介というかつての財閥の一人に相談した。鮎川さんはビクターとかコロンビアとかやってテレビも研究してた人だけれども、満州で財産を使い、戦後はダメになっちゃっていて、そこで正力さんに話がいく。

ＮＨＫラジオの後を追って民放ラジオが始まったのが51（昭和26）年、中部日本放送（名古屋）から始まって、次に新日本放送（現・毎日放送、大阪）が開局。それでほっと息をついているその3日後の9月4日、突然、正力さんが日本にテレビの全国ネット網をつくる計画を発表するんです。周りは驚いた。政・財界はもちろん、ＧＨＱ

からも日本にテレビジョンは時期尚早だと反対される。

ラジオがスタートしたこの51年は、朝鮮戦争が始まった翌年でもありました。この前年の6月、アメリカのカール・ムント上院議員が議会で演説する。「中華人民共和国が独立し、朝鮮戦争が始まった。このままでは共産主義が世界を席巻する」「日本にテレビジョンの全国通信ネットをめぐらせれば、国防・防共のためにも治安維持のためにも非常にプラスになる。それも爆撃機B26の2機分の予算で可能だ」と。

それを聞いたのが、NHKの解説委員だった柴田秀利。彼は左翼嫌いだった。そこで日本でやれるのは正力しかいない、と話を持ちかけると、公職追放中の彼は大乗り気でアメリカ通の柴田秀利さんをアメリカに派遣する。そして秘かにアメリカ議会や技術系、それに資金面も全面協力の約束を得て、ドーンと計画を打ち上げた。

その後、日本テレビと、のんびりテレビを準備していて、あわてたNHKとの開局をめぐる先陣争い、放送方式が6メガか7メガかの論争などもありますが、結局、テレビ仮免許第1号は日本テレビに決まるんです。正力さんがテレビ放送の立役者であることは間違いない。街頭テレビも正力さんの発案といわれています。

植村　NHKがテレビ放送を開始した53（昭和28）年2月の受信契約数が866件。日本テレビが開局した同年8月でも3000件強。1台あたりの視聴者を増やそうという苦肉の策ですね。

澤田　キネマ旬報に、当時契約してた人の名前、全部出るぐらいの数です。

大山　当時、受像機は高かったんです。初任給が大卒で1万円のころ、アメリカRCA製が27万円ぐらい。普通のサラリーマンなら2年ちょっと働かないと買えなかった。そこで、東京を含め近県55カ所に220台の街頭テレビを置いた。新橋駅前や渋谷ハチ公前には17インチのアメリカ製受像機を高く掲げてね。

正力さんは警察官僚だったから出身地の富山の米騒動以来、日本の赤化を恐れていて、それを防ぐには大衆に娯楽を与えるというのが事業のテーマだったんです。後楽園を持ってるから、巨人軍でナイターをやる。ナイターがあるんですよ、その頃ね。そのあとがボクシング。特に当たったのはプロレスです。シャープ兄弟と力道山。戦争でアメリカに負けた日本人が、アメリカ人の大男を相手に空手チョップでやっつける。だから新橋などの街頭テレビに1万人の観客が集まって、「ヤレ!」「そうだ!」と興奮した。

植村　最初はスポーツ中継が中心だったんですね。

大山　そう。だから当時の日本テレビのスタジオなんか小さいんですよ。

植村　開局当初は1日4~5時間しか放送していなかったんでしょう。

大山　最初は夕方と夜だけ。そんなに制作能力もマンパワーもない。一方、受像機もまだ高いから、ごくわずかのお金持ちとか、喫茶店や美容院など人が集まるところからまず普及していった。「テレビあります」と店頭に看板を出して客寄せしていた。

植村　これが飛躍的に契約台数を伸ばすのが、59（昭和34）年の皇太子（現・今上天皇）ご成婚ですね。

テレビの青春時代

植村　当時の番組制作で思い出などがあれば。

澤田　大阪の場合はちょっと遅れて、58年に民放がスタートする。大阪テレビから東京、名古屋へネットしていたダイマル・ラケットと森光子さんの『びっくり捕物帳』（57〜60、大阪テレビ／朝日放送）が人気番組だった。ダイマル・ラケットさんは戦後に登場した爆笑王。

森光子さんは戦前の映画女優でもう30歳は過ぎていましたが、テレビに映ると22〜23の女優さんに見える。菊田一夫さんが見間違えて、東京の舞台にさそうぐらい若く見えた。以後年齢不詳。チャンネルが増えてネットがチェンジしても、朝日放送の専属だったダイマル・ラケット、森光子の番組だからそのまま続くんですが、担当ディレクターが新しく開局する毎日放送テレビに移るというので、ぼくがディレクターになることが決まっていた。時代劇だし、殺陣もあるし謎解きもあるのでADをしながら必死でディレクターの勉強。この番組でぼくと同い年の新人・藤田まことさん（2010年2月17日死去）と出会って、「一緒に番組をやろうな」と励ましあった。

大山　久松保夫主演の私立探偵もの『日真名氏《ひまなし》飛び出す』（55〜62年、ラジオ東京テレビ）で、初めて連続ドラマにスポンサーがついた。ラジオ東京テレビの看板番組だった。

澤田　その頃森繁久彌さんが大阪テレビに出演したことがある。いま考えると宝塚映画で撮影中の『暖簾《のれん》』のPR番組なんですが、五社協定で映画スターがテレビには出られない時だから大騒ぎ。スタジオに映画のセットと同じ昆布屋の店を建ててのトークショー。満州時代に友達だったプロデューサーの顔で出演が決まったと大評判でした。部長クラスはみんな戦前から松竹とか東宝でプロデューサーをやってた人たちでした。

大山　TBS系でいうと3Mといって、Mのひとつ満州出身が多かった。満州の放送局出身者と、毎日新聞からレッドパージで来た人、それからムーラン・ルージュ。これは新宿にあった大衆演劇の劇場なんですが、ここが潰れたもんだから、文芸所属の人たちが来た。この3つのMから来た人が多い。あとは映画系ですね。

澤田　映画に限らず、舞台のスターのキャスティングはこの人たちがやっていた。

大山　ぼくは3年ぐらいADをやって、ディレクターになっちゃったんです。学生のころ劇作家の田中千禾夫《ちかお》・田中澄江ご夫妻の家に3年いた。だから演劇的な世界に入ろうと思って映画会社を受けたりして、最後に新興のラジオ東京テレビにもぐりこんだ。そんなこともあって、「あいつはちゃんとできるだろう」と過信されて。

　当時、『世にも不思議な物語』（日本テレビ）とか『ヒッチコック劇場』（日本テレビ）とかサスペンスものの輸入があって、テレビに興味を示した石原慎太郎さん（作家、現・東京都知事）が、59（昭和34）年に『慎太郎ミステリー　暗闇の声』（TBS）という、今でいう『世にも奇妙な物語』（フジテレビ）のような30分の生放送のミステリードラマを企画・監修した。自分でも2～3本脚本を書いたりして。私はディレクターとしてはこれで一本立ちした。あとTBSは、さっき言った『日真名氏飛び出す』や、『金語楼のおトラさん』（56～59年）、宮城まり子の『てんてん娘』（56～57年）などのコメディー調のホームドラマと時代劇をよくやっていた。

植村　時代劇はなんですか？

大山　捕物帳です。歌舞伎の傍系だった中村竹弥を主役にした『江戸の影法師』（55年、TBS）。「ドラマのTBS」と言われたものですが、実は最初、スポーツで開局をと計画した。ところが、正力さんがプロ野球とプロレスは絶対手放さない。それで、どんな局にするか頭を悩ませていた時期がある。

TBSにはラジオ時代に田中亮吉さんという演劇関係者に顔が広い方がいらした。田中さんが「舞台人を抱え込んでドラマを局の顔にしませんか」と提案して、当時編成局長だった今道潤三さん[注2]が動いた。田中さんの紹介で歌舞伎の大御所、新派、新国劇などの役者——市川團十郎、松本幸四郎（いずれも先代）、花柳章太郎などと専属契約を結んだ。こういう人たちの活躍する場として『日曜劇場』（TBS）をつくる。そして、プロデューサーに石井ふく子さんが専任になっていくんです。

当時、企画はだいたい電通が考えました。電通はTBSテレビ開局の1年半前からテレビの研究所をつくっていましたから。『慎太郎ミステリー』も企画は電通です。

あのころの若手制作者の新しい表現への情熱はすごかった。私もミステリーなので普通のアングルで撮ってもユニークさは出ないから、下から撮ったり上から撮ったり、スチールを使ったり、スタッフも面白がって、ありとあらゆる実験的なことや前衛的なことをやりました。

植村　そんなに自由だった？

大山　自由でしたよ。毎回単発だったから、台本も寺山修司さんや谷川俊太郎さんたちと一緒に意欲的につくって、あとで部長に届ければいい。事前チェックなんてろくになし。もちろん、当時のTBSの社風だったかもしれませんが、プロデューサー兼ディレクターだった。ドラマといっても生放送だしミスったところで、もう流れて消えちゃっていますから、「すみません！　以後気をつけます」で済む雰囲気でしたね。スポンサーも一社提供で、石原慎太郎的な新しさに理解があった。

植村　澤田さんといえば、『てなもんや三度笠』（62〜68年、朝日放送）ですが、平均50％の視聴率をとった時代がありましたね。

澤田　大阪で人気の出てきた藤田まことさんと白木みのるさんの〝ノッポとチビ〟のコンビが東海道五十三次を江戸へ珍道中するという1年続けられる企画を62（昭和37）年5月にスタートしたんですが、視聴率が一向に上がらない。夏場の日曜夕方6時という時間帯ですから、家でテレビなんか見ている人がいない。途中で野垂れ死にするぞと思いながらつくっていたら、冬になってどんどん視聴率が上がって、江戸へ着くころには藤田さんの「あんかけの時次郎」が人気者になっていたんです。当然、旅を続けようと。行楽シーズン対策としてヤングに人気のある歌手をゲストに入れたのが当たって、大阪発の公開コメディーが30％番組になり、冬場で雨が降れば「60％をとるぞ」とぼくの予言どおりの数字がとれた。

大阪の特殊性

澤田　あの頃の大阪のテレビ局はコメディーはもちろん、ドラマなんかでも、大阪ものを作家も俳優も大阪の人を使って作らないといけないという不文律みたいなものがあったんですよ。だから東京では大阪のものは作らない。それを破ったのは、岡本愛《よし》彦《ひこ》さんです。岡本さんが森光子さんを東京へ呼んで、サンヨーテレビ劇場で『鱧《はも》の皮』とか大阪もの、船場ものをやるんですよ。

生放送なので大阪のレギュラー番組を持ってた森光子さんは大変だったと思いますが、実はお二人は恋愛中だった。結婚が決まって大阪へよく見えていた岡本さんに聞いたことがあるんですよ。東京では大阪弁の役者ってなかなか揃わないじゃないですか。だから変なアクセントでしゃべる俳優がいる。そこを大阪のドラマ担当の人たちは批判して、岡本ドラマを評価しなかった。大阪でも船場ものをやる時は方言指導をつけていたから。どうなんですかって聞いたらね、いや、そんなの気にしてるのは大阪の人だけだって。全国ネットだから、大阪弁がおかしいなんていうのは大阪の人だけだって言われた。

ものすごいショックでね、じゃあ大阪のアイデンティティーっていうのはどこに持ったらいいんだと。よく考えたら大阪の局には、全国ネットの枠ってほとんどないんですよ。全部東京がやる。

50何年経っても、全国ネットの枠は1週間に3時間半って縛りがある。大阪のテレビマンは、ドラマであろうとバラエティーであろうと、全国に認めてもらうためには、この枠で番組を作るしかない。ぼくなんか週3本も全国ネットを持たされてたから会社の中では、もう嫉妬の嵐ですよ。なんであいつ一人で独占してるんだ、みたいな。そういう意味では、大阪で作ってるテレビと東京で作ってるテレビって全然違う。

だからそういう中で、どうしたら自分が大阪で作っていることを全国に知らしめるか、ということを考えてる人と、全国なんか考えずに、ただ番組を作れたらいいんだみたいな、大阪で見てくれるだけでいいじゃないか、というのとに分かれるんですよ。

今は政治も経済も東京に集中してしまって、大阪のお笑いタレントも東京指向が強くなって、大阪は空洞化しつつあるんです。希望は大阪だけで放送しているというので大阪ののりで言いたい放題のトークショーですかね。でもネットに投稿する世話焼きがいるので要注意です。大阪のテレビマンは今も昔も大変ですよ。

電気紙芝居からの脱却

植村　テレビの歴史を番組で振り返るとどうでしょう？　エポックメーキング、時代をつくった番組にはどんなものがあるでしょう？

大山　TBSテレビ開局の3年後のことですが、58（昭和33）年の『私は貝になりたい』（TBS）で世の中のテレビドラマへの評価がガラッと変わりましたね。

澤田　演出部のモニターで部員が集まって見ました。終わったあと、打ちのめされたような感じで全員立ち上がれなかった。名作です。あと、石川甫《はじめ》さんの演出した『マンモスタワー』（TBS）も忘れられない。森雅之さんが主演で、存在感がありましたね。演技もすごくて、映画俳優はテレビの画面では違うんですよ。この時に、劇中で映画の経営者が電気紙芝居って言葉を使うんですよ。

大山　それまではテレビドラマは作るのが生放送だから、ミスがもろ見えなんですよ。カメラが違う動きをしたり、スイッチを間違えたりすると、突然照明さんが出てきたり、スタジオの片隅で急いで着替えしている女優さんが映ったりしてね。だから、プロの目で見ると、作品以前で何だよあれはと。電気紙芝居って言われてね。五社協定で、映画会社は専属俳優を貸さないから、出る人は、俳優座、文学座、民芸の新劇系で、映画の世界から見ると、大した奴は出ていないということになる。

でも次第に腕をあげていって、芸術祭で表現を競うようになる。芸術祭にはこの58年、TBSから『私は貝になりたい』と『マンモスタワー』の2本を出品して、『マンモスタワー』が芸術祭奨励賞、『私は貝になりたい』が芸術祭賞。「これでテレビドラマの役割がはっきりした」と荻昌弘さん（映画評論家）が言った。映画でもない、舞台でもない、つまりテレビジョンっていうのは社会的なメッセージを発せられるメディアだということが証明されたと。それまで電気紙芝居と言われてきたテレビドラマが、ようやく学生から一人前の社会人として認められるようになったんです。

『私は貝になりたい』は、BC級戦犯を表面に出して、最終的には統帥権の問題、天皇の戦争責任問題を提起している。演出の岡本愛彦さんも後に言っていますが、NHKでは絶対実現できない企画だった。つまり主役のフランキー堺さんが、裁判の時に上官の命令どおりやった、完全に天皇の命令だと思ってやったと言っているわけですから。これをスポンサーの三洋電機の担当者も、台本を読んだ時から感激して、劇中はノーコマーシャルでやりましょうと言った。多くの関係者の心意気で成立した番組です。

植村　あの番組は前半がVTRで後半が生でしたよね。

澤田　後半の生放送の部分をネット組んでいた大阪テレビで録画していたので、今でも全編が見られるんです。

大阪テレビがVTRを初めて導入したんですけれど、時期尚早だと東京の局は様子見だった。

でもタレントは生放送ですから、リハーサルもふくめてその時間拘束されていた。30分の前編・後編という形式の『びっくり捕物帳』を生放送のあとVTRで後編を撮ってしまうと、セットがそのまま使えるから、美術費も半分で済む。タレントも1週アキが生まれて稼げる。

そのうちテレビ局が増えたけど、VTRのおかげで人気タレントの掛け持ちができるので、プログラムが組みやすくなった。VTRが生時代のテレビのつくり方を変えてしまったんです。そのかわり、スタッフは労働過重になった。もう徹夜、徹夜の連続。

植村　記憶に残る演出家っていうと……。

澤田　ＮＨＫの和田勉さん(注3)を忘れるわけにはいかない。

大山　彼は確か、自ら志願して関西からスタートした。つまり、東京はいろいろうるさ方が多いし、上がつかえている、自由みたいだからと大阪のＢＫ（ＮＨＫ大阪放送局）を選ぶんですね。和田さんもそうですが、後にＴＢＳに移籍した『私は貝になりたい』の岡本愛彦さんもＮＨＫ大阪の出身です。和田さんは、従来の映画にないクローズアップ多用という手法を駆使してテレビジョンというものの新しい力を引き出そうとした。

それまでのドラマは、今もそうですけど、俳優を使って画面をひんぱんに変えてストーリーを伝えようとしていた。彼はテレビは画面が小さいから。モンタージュするよりワンカットの中での葛藤が面白い、という佐々木基一さんなどの理論から、ストーリーよりも「どう撮るか」「どう伝えるか」を模索したんです。テレビ表現の可能性を懸命に追求した。刺激的でした。１作１作、目を皿のようにして見ましたよ。今度はどういうことをやるかなってね。

澤田　アップの多用とか、カメラワークとか、いつも刺激的で、番組を見ているだけでものすごく勉強になった。和田勉さんが「テレビ」だった。それまでのディレクターは映画とか舞台を引きずってたんだと思う。

植村　和田さん以外ではいかがでしょう？

大山　吉田直哉さん(注4)かな。この方もNHKです。ラジオで実験的なことをやって、テレビの最初は『日本の素顔』というドキュメンタリー番組。日本人のいろいろな伝統的な習俗とか特殊な職業人の表情を撮っていくんですが、「日本人と次郎長」で、やくざの世界にカメラを入れて、それまで見たことのない日本人のある面を描いた。それが非常に知的で多角的で、テレビジョンで伝えるってどういうものかを方法論的に研究して成果をあげた人です。

ドキュメンタリーも、今までにない作り方をした。ラジオの録音構成班にいたから、この手法をテレビに応用したわけです。つまり、いろいろ取材してきたものの現実の断片を紹介する。結論を導くために断片を集めるんじゃなくて途中経過を見せていくんです。映画のドキュメンタリーのように予定調和的にテーマに収斂させないで、断片のそれぞれが主張しあう、それがテレビのドキュメンタリーだという考え方です。

植村　大河ドラマの3作目『太閤記』は演出が話題になりましたね。

大山　時代劇の冒頭で新幹線をワーッと走らせた。「あっ、事故だ」って関係者が飛び上がったっていう（笑）。

澤田　ぼくもリアルタイムで見ていて、びっくりしましたよ

植村　あの手法は、その後流行りましたよね。

大山　つまり、現在から見た時代劇をつくらなきゃいかん、時代劇っていう昔の世界にわれわれを運ぶのではなく、時代劇の世界を現在に引き寄せるんだと――そういう理屈なんですよ。吉田さんはドラマでもドキュメンタリーでも、新しい手法を切り開いたんだけど、その理論がしっかりと組み立てられていた。

植村　ドラマの演出家ではありませんが、日本テレビの井原高忠さん(注5)はいかがでしょう？

澤田　ぼくは井原さんに誘われて東京へ来たので、5年ぐらいの間、じっくり観察させてもらいましたが、この人は独特の感覚を持ったテレビ演出家でした。アメリカのテレビニューシーズンにニューヨークへ行ってめぼしい新番組やショーを見てメモを取ってくる。ノートを見せてもらったことがあるけれど、セットや衣装をすべてスケッチしてある。本場のショービジネスの最新のものを何年も蓄積しているんですから、

かないっこないんです。

あの『巨泉×前武ゲバゲバ90分!』(日本テレビ)も、アメリカで当たっていた『ラーフ・イン』って番組を2年ぐらい蓄積させて日本ふうに仕立て上げています。じつはぼくも『ラーフ・イン』の日本版の企画を大阪で準備してたんです。カラー時代が目の前で、新しいカラーのバラエティーショーの企画を考えろと言われて、アメリカで評判の『ラーフ・イン』のビデオを取り寄せました。ローワン&マーチンのコンビを、『てなもんや三度笠』の藤田まことと『スチャラカ社員』の長門勇の大物コメディアンの顔合わせでやるならTBSも文句ないだろうと準備してたら、井原さんが『ラーフ・イン』を前田武彦と大橋巨泉でやるらしいという情報を聞いて、すぐ企画を取り下げた。そのキャスティングからしてまず違うっていうことで、興味あったから、第1回目を見た。そしたらね、『ラーフ・イン』をヒントにしてるはずなのにぼくが見てたのと違うんですよ。まったく違ってた。

井原さんと一緒に仕事をするようになってその理由をたずねた。そうしたら、ぼくがアメリカから取り寄せて見てたのは、ヒットした時のものだった。あの人は『ラーフ・イン』がスタートした時からずっと見てるんですね。だから同じものを換骨奪胎するんでも、番組がどうして当たっていくかっていうのをちゃんと見てて、それをスキップしていくわけですね。当時アメリカで「サイケデリック調」の色使いが流行ったんですが、ぼくは『ラーフ・イン』のビデオで初めてそれを見て、新しくて楽しいと思ったから、大阪万博の事前の特別番組でジャンジャン使って無念を晴らした。

ところが井原さん、なかなかそれをやらないんですよ。それで半年ぐらいしてから、やっとそこへ入っていくわけです。ぼくらが真似しても、まわりに何の影響も与えなかったのに、井原さんの場合は、『ラーフ・イン』がそうだったように、初めは短いギャグをいっぱい集めて、それからだんだん踊りを入れたりなんかして、色で遊ぶとか、反応を見ながら変えてくるから、ものすごく当たったんですよ。

だからそういう井原さんのやり方を学んでね、アメリカで見てきても、ビデオ取り寄せても、絶対そのままやらないようになりました。コンセプトを大切にしてやっていこうと。当たったものをそのままパクッても絶対だめ。

そもそも井原さんはテレビの初期の『光子の窓』(日本テレビ)も演出が画期的でした。アメリカの本格的なテレビショーを日本で作れる人って、それまでなかった。『11PM』(日本テレビ)も斬新だった。概してジャリ文化のテレビに大人の鑑賞に耐えるお色気番組をつくったんだから。夜の時間にセミヌードを出して、大人が大人の時間を楽しむ。テレビにはこういうこともできるんだという可能性を教えてくれた。

優れた制作者の資質とは？

澤田　テレビマンユニオンの萩元晴彦さん。(注6) 日本で制作プロダクションを最初につくった元祖みたいな方。ディレクターとして私は萩元さんの下で20本ぐらい番組をつくりましたが、すごい知恵者。スケールが違う。萩元さんと一緒に、電力会社に原子力の広報番組の企画を考えていったことがあります。企画担当の人がズラッと並んで、説明を待っている。萩元さんが、「これはどれぐらいの予算が出ますか？」「それは企画を見ないと」「予算を先に聞かないと、企画見せる必要ありません、帰ろう」

　ぼくはせっかくつくった企画書だから説明したくて仕方がないのに、そのまま帰っちゃった。こんなプロデューサー、世の中にいるのかと思った。

大山　萩元さんが演出家としても新しかったのは、それまでテレビは「動く絵」、つまり動く映像を出さないと持たないと言われていた。ところが彼はそのアンチで、「テレビは音だ、時間だ」と言った。『現代の主役「小澤征爾〝第九〟を揮る」』（TBS）って番組では、ずーっとワンカット。カメラを小澤征爾から動かさないんですよ。それから囲碁の名人戦。対戦者二人のクローズアップで、カメラを動かさない。だけど、ものすごい緊迫感と、対局している人間のいろいろな想いが出ている。人間を時間をかけて凝視する。そうすると、普通人にはなかなか見えてこない面が見えてくる、そういう考え方なんです。

植村　狙いが必要だということ？

大山　しっかりとした自分の狙い、獲物があるんです。でも、普通のやり方じゃ獲物は落とせない。俺は俺流のやり方で獲物を落とすと。優れたディレクターは必ず、そういう自分の方法論を持ってこだわっていましたね。

技術革新がテレビを変えた

植村　技術革新もテレビを大きく変えましたね。番組制作に最も影響を与えた技術革新はなんでしょう？

澤田　ビデオの輸入。ＥＮＧ（注7）も見逃せない、ロケ番組やニュースが変わりましたから。あとはカラーでしょう。照明なんかもそれにつれて変わった。昔は白黒でも熱かったのがだんだん楽になったと思ったら、カラーになってまた熱くなった。それでローカロリーの照明ができたりね。

ビデオだって最初は編集ができませんでしたからね。

大山　大変でしたね。『ハムレット』をやったことがあるんです。スタジオで２時間の舞台をそのまんま持ってきて。今の松本幸四郎が市川染五郎のころ。最後のところで小さな役の人が台詞忘れちゃって絶句した。そうしたら、周りの人が小声で、「何か言え」って。何か言えばつながるから。でも、本人はカーッとなって何も喋れない。それで、もう1回最初から撮り直しですよ。

植村　最初からになるんですか？

大山　そう、最初から。テープが高くて切って編集できないから。

澤田　生放送と一緒なんですよ。『てなもんや三度笠』のように、公開放送ものはNG出ても、そのままいってしまう。やり直しできないし、笑い声が入っているので、あとから編集もできなかった。

大山　ドラマだと、先ほどの『私は貝になりたい』は、前半はＶＴＲ、後半が生放送。つまり前半は家庭と戦争、後半は刑務所の中だけ。だから前半の四国の床屋と戦争場面は、事前に撮ってワンロールのＶＴＲに収め、捕まってからの後半を生放送にした。これで表現領域が倍になった。スタジオが２倍の広さのものが使えた。ビデオのおかげで俳優さんも倍使える。

生の歴史を映す

植村　テレビの歴史を考える際、絶対に欠かせないことは？

大山　テレビによって、見る世界が変わってきたということでしょうね。最初は、家庭劇場、家庭アミューズメントシアターっていうのか……家族を対象に娯楽を見せようとした。だからどうしてもスポーツやドラマっていうカテゴリーが多くなる。ところがＥＮＧやＶＴＲなどができて、実に簡単にカメラが外にも出られるようになり、長時間取材が可能になって、どんどん撮れる範囲が広がっていった。

それまで室内で楽しんでいた劇場風のスクリーンが開いて、世界の景色がワイドにカラーで見えてくる。ケネディ米大統領暗殺（63年）、三島由紀夫自決（70年）、アポロ15号月面着陸（71年）、浅間山荘事件（72年）、フィリピン政変（86年）など。

特に９・11事件（米国同時多発テロ、01年）が象徴的でした。あんなのは昔だったら見られないわけですよ。現実の世界で動いている歴史と直面する、歴史と一緒に生きているというんですかね。〝生放送の強さ〟がテレビジョンの一番の原点といわれますが、それだけは昔も今も変わらなくて強い。原初的な魅力ですね。

澤田　浅間山荘なんか、何の変化もないものをあれだけ長時間見続けたという。

植村　あれ、各局の視聴率を合計すると瞬間的に90％近かったという伝説があります。

大山　やるほうもやるほうだけど、見るほうも見るほうだって、今から思えばそう感じるけど、私も当時はずーっと見ましたよ。

澤田　ぼく、ものすごくショッキングだったのは、フィリピン革命のときですよ。女性キャスターの安藤優子さんが現地へ飛んで、軍隊もいるところでリポートやってた。怖かったね、どうなるかと。そのあと、モスクワでも弾がとびかっているところでリポートしてた。ムチャクチャや。それまでは浅間山荘にしたって、外側からリポートしてるだけなのに、そこへ突入していくっていうか、真っ只中という感覚ね。テレビはもう何でもありだと思った。

テレビカメラがあらゆる現場に行って、危ないところからも放送する。戦争も中継する、死ぬスタッフもいる。でも、そのうちに麻痺して、事件をショーのように見るようになる。

大山　だから、テレビって娯楽のため、あるいは独裁国家にとっては為政者の宣伝のために使われますよね。アメリカなんか従軍カメラマンを一緒に連れていって戦争の生の現場を撮ってくれっていうぐらいにね。オリンピックでも、見やすい時間帯に合わせて、開催時間をずらすようになった。
つまりテレビジョンを中心に世の中が動いていると言ってもいいぐらいだと思いますよ。日本の政治もそう。国会の委員会中継があると、わざわざカメラに向かってボードを見せてね。明らかにテレビを通じて政治も行われている。
植村　それだけ威力があるんですね？
大山　影響力もあり、威力のあるメディアです。現在のその使い方や使い勝手に関しては、現場でやってきた人間としては忸怩たるものがありますが。
澤田　ドラマとかバラエティーは、テレビが積極的に開発してきたジャンルだけれども、政治とか戦争には日本のテレビ界全体が臆病じゃないですか。それについてはアメリカとか他のメディアのほうがすごい。日本のテレビは絶対そこには出て行かない、向こうから入ってくるからちょっとやるとか、いただくとかはやるけれども。そういうことで視聴者を育ててるというか、訓練しているから、日本人ってちょっと世界のなかで政治とか戦争についての感覚が違っているんじゃないでしょうか。平和っていったら平和なんだけど。
大山　日本人ほどテレビ好きはいないっていわれますよね。視聴時間を見るとほぼ1日4時間。ほかの国に比べてずば抜けている。各国とも、HUT（総世帯視聴率）はだいたい夜のゴールデンタイムがピーク。でも、日本は朝も昼もある。それだけ番組も多種多様。だから外国から来た人は、「日本のテレビは面白い」ってまず言う。質は別にして、とにかく工夫していて、面白いと。

澤田　年中やってるのも日本だけですよね。

大山　そう、休みなしでね。いろいろ言われることも事実ですけど。

最近のテレビをどう見るか

植村　現在のテレビをどうご覧になりますか？

大山　インターネット社会になって「テレビ離れ」が指摘されますが、テレビジョンが持っている力には幅広い社会性があると思う。「公共性」と言い換えてもいい。とくに都会に住む人たちに孤立感や閉塞感が強い中で、共に一緒に生きている感覚を味わえるもの。それが、オリンピックやサッカーなどのビッグイベントや視聴率の高い番組を見ることなんですね。

大勢の人と自分は一緒に見ているという感覚が、人を元気づけ、慰めているところがある。なんのかんの言われながらも、テレビは日本人にとって潜在的に、最も頼りにされ楽しまれているメディアだと思います。

澤田　映像の代表として、テレビがチャンピオンだと思う。ところが今、実際にどうなのかと問われたら、答えに窮する。他のメディアを含め、全体に落ちているところにテレビもいる。どん底に落ちているとは思いませんが……。ただ、視聴率で『笑点』（日本テレビ）と『ネプリーグ』（フジテレビ）がトップになったときなど、ちょっと考えちゃった。

大山　悩ましいですね。

植村　視聴率主義って、もう変えようがないんでしょうか。

澤田　視聴率って、どちらかといえば営業的な物差しですが、おそらく大スポンサーは、あまり気にしていないと思う。独自でＰＯＳシステム(注8)を使ったり、モニターを取ったりしていますからね。

大山　先行した当たりパターンをなぞる。そうしないと上から怒られる。データを重視するというのも、視聴率が放送局の収入に直結しているからなんですよ。

植村　つくり手は、自分のつくりたいものをつくっているんですか。あるいはつくりたいものがあるんでしょうか？

大山　それは持っていると思います。ぼくなんか、この歳でもまだありますから。若い人はもっとあるでしょう。

澤田 持ってますよ。ただ、企画を提案して新しい枠を取るチャンスは減っている。これが制作者の閉塞感につながっている。「これでいいのか」「このまま沈んでいくんじゃないか」と。

大山 忙しいのかもしれないけれど、現場の人はあまり他の番組を見ていないっていうのもある。昔の番組も見ていない。

スタープロデューサー、スターディレクター

植村 井原さんみたいなことやる人は、もう誰もいない？

大山 やれる状況ではない。がんじがらめの管理体制ができあがっていますからね。

澤田 番組のつくり方はここ数年で変わりましたね。バラエティーでも、同じ構成作家が各局をグルグルと回って、「アイツ面白いよ」って同じタレントを集めてつくりますから、同じような番組ばかりになってしまう。

大山 構成作家主導になっちゃうんですね。

澤田 そう、ディレクター主導じゃなくて、作家主導。なぜかというと、作家がいち

ばん情報量が多いから。昔はプロデューサーで、次はディレクター。今は作家ですよ。

大山　これから面白いのは有料テレビじゃないですか。ＷＯＷＯＷやＣＳ放送。企画の話し合いなんかも、地上波民放と全く違う。スポンサーと視聴率主義に振り回されていないから。視聴率と売り上げが直結していないわけだから。

植村　視聴率調査で言えば〝アザーズ〟ですからね。

大山　そう。当然、地上民放の経営の方法とはちょっと違うんですけれどね。

植村　視聴者も徐々に選んで見るようになるでしょう。

澤田　タダはもう限界まで来たのかもしれませんね。でも、仮にスポンサーもそう考えてしまうとしたら、悲しい。

大山　だからこそ、テレビ局が持っているのは最後は「マンパワー」だということ。制作能力を直接抱えていないにしても、声をかければ結集できるマンパワー。番組クリエイト能力、ソフト制作能力、調達能力、広い意味での創造力は局の周辺にある。そのパワーを使って、テレビ局は放送以外にもどんどん進出すべきだと思う。例えば、有料サービスであったり、映画や舞台やイベントなど。マンパワーを集めて発信するノウハウは持っている。しかも、局それぞれに得意分野がある。それをもっと生かすような方向にすれば、現場はまたそれに刺激されて活性化すると思う。

澤田　ドラマは今、逆に局のプロデューサーやディレクターが増えてきている。情報番組やバラエティーでも局の社員や100％子会社の制作会社のスタッフが増えている。そうやって、できるスタッフをつくろうとしてます。それは成功しつつある。

大山　連続ドラマの場合、ディレクターが交代するから作品に一貫性が出ない。労務管理の問題などもある。ところが、フジテレビが08年に放送した『風のガーデン』は、全11話を宮本理江子さんという一人の演出家が完投した。だから、どこへ出しても評判のいい番組ができた。これが、われわれが現役だったころのつくり方だった。局のスターディレクターやスタープロデューサーを育成すべきだと思う。今まで、それをちょっと怠っていましたね。

澤田　フジテレビは、バラエティーでも当たっている人は忙しいですよ。正月なんか一人で8本ぐらい抱えているらしい。それはやっぱりスターディレクターなんですよ。

大山　エキスパートを育てなきゃいけない。彼ら、彼女らがリーダーになって現場は活性化するし、「ああいう人になりたい」っていう目標になっていくわけですから。

澤田　プロダクションの立場としては、ものすごく厳しいところにいる。われわれもここで踏ん張らないと……。

大山　局出身で、途中入社組にいい人材が多い。系列局がいっぱいあるから、系列局との人材交流など現場の多面的な人材育成をもうちょっとやってもいいんじゃないでしょうか。

これからを担う制作者たちへ

植村　テレビ半世紀の経験を踏まえて、若い人たちへのメッセージを一言ずつお願いします。

大山　テレビはこれからも社会的な基幹メディアだと思う。だからテレビで発信することは生きがいになる仕事なんです。テレビ局はもっとその関連し、糾合できるマンパワーを有機的に生かして、違う多くの局面に展開できるし、クリエイティブな仕事だからこそ、若い人はなるべく新鮮な好奇心を刺激するものを目指していくべきだと思います。一生を捧げて悔いのない職場なんですよ。だから、早々に諦めるな、と。辛抱の時間も要るし、トレーニングの苦しい時期もありますが、やっぱりテレビは、これからも生き残るし、残さなければいけないと思う。

植村　若い人たちがやりたいことを持っているのであれば、やらせてあげたい。もうちょっと自由にね。

大山　TBSの最初のころ、サスプロ（自主番組）枠を設けて、やりたいものをつくらせたことがあった。余裕はないから「この予算の枠内で考えろ」と言って。そんなことも刺激になると思う。

澤田　ここ30年でテレビ局とプロダクションの職務分担がはっきりしてきた。協調関係もできてきた。今こそ、両者が競い合って人材を育てるべきだと思う。ところが、子どもの時からテレビが好きで、番組をつくりたいと思う人がテレビ局に入っても、3年も経ったら管理・事務畑に配転になる。こんなことを続けると、もう現場には誰もいなくなってしまう。あまりにもったいない。

20年ほど前にテレビ番組をつくるなら制作プロダクションへというのが知られて山ほど優秀な大学生が来た時代があった。その時に入った連中が、40歳代になって、今のテレビ番組を支えている。20年かかっているんです。経験が人をつくる。こうして残った連中は志を持っていますよ。この人たちが次の時代のプロダクションの経営者になるでしょう。

今年は大学4年生がかなりだぶついている。ようやくプロダクションが選べる時代になった。だから、今年入ってくる新人を5年間ぐらい鍛えればできる人材が育ってくる。だからこそ、もうちょっと希望を持てるような業界にしておかないとね。

大山　制作現場の現状を経営者もきちんと理解しないと。親密な関係、パートナーシップということをもっと具体化、実体化していかないとと、思います。
植村　局とプロダクションはイコールパートナーだという意識を双方持たないといけませんね。
澤田　5年ぐらい前までです、イコールパートナーだって言ってくれたのは。さびしいですね。もちろん、テレビ局の人々は自分たちの経営とか編成をどうするかを真剣に考えているんだと思います。でも、雑誌などを見ていると、「テレビはもう沈没しているんじゃないか」みたいな書かれ方をしている。絶対そんなことはないと思う。代わるメディアがないから。だからこそ、まずは、なんとしてもテレビ局に頑張ってもらわなきゃならんっていうことでしょうね。

（2009年12月10日。一部敬称略）

注1：正力松太郎（しょうりき・まつたろう）1885年生まれ。警視庁、読売新聞社社長を経て、1952年日本テレビ放送網を創立、社長。54年読売新聞社社主。55年衆議院議員、北海道開発庁長官などを務める。69年死去。
注2：今道潤三（いまみち・じゅんぞう）1900年生まれ。大阪商船を経て、52年ラジオ

東京入社。65年東京放送社長。68～74年民放連会長。79年死去。

注3：和田勉（わだ・べん＝本名つとむ）１９３０年生まれ。53年ＮＨＫ入局。テレビドラマのディレクター、プロデューサー。『竜馬がゆく』『鹿鳴館』『ザ・商社』『天城越え』『阿修羅のごとくⅠ・Ⅱ』などを演出。２０１１年死去。

注4：吉田直哉（よしだ・なおや）１９３１年生まれ。53年ＮＨＫ入局。テレビドキュメンタリー『日本の素顔』『現代の記録』『21世紀は警告する』、ドラマ『太閤記』『源義経』などを手がけ、68年芸術選奨文部大臣賞受賞。２００８年死去。

注5：井原高忠（いはら・たかただ）１９２９年生まれ。53年日本テレビ放送網入社。ディレクター、プロデューサーとして『光子の窓』『あなたとよしえ』『11ＰＭ』『九ちゃん！』『巨泉×前武ゲバゲバ90分！』などを生み出す。

注6：萩元晴彦（はぎもと・はるひこ）１９３０年生まれ。53年ラジオ東京入社。テレビディレクターとして『現代の主役「小澤征爾〝第九〟を揮る」』『あなたは……』などを制作。70年退社し、村木良彦、今野勉らと「テレビマンユニオン」を設立。２００１年死去。

注7：ＥＮＧ（Electronic News Gathering）。光学式のフィルムに記録された映像や音声の再生には現像が必要だったが、ＶＴＲなどの電子媒体に記録された映像、音声は電気信号として記録されるのでその必要はない。また伝送装置によって現場から放送局へ直接送れるようになったので、ロケ取材に革命をもたらした。

注8：ＰＯＳシステム（Point of sale System）。物品の売り上げを単品単位で集計する方法。

番組のバラエティー化

植村　ひとくちに「バラエティー」といっても、広範にわたります。最近の傾向として報道・情報系の番組までバラエティー化しているような気がします。お二人は、どうご覧になりますか?

澤田　バラエティーの基準や概念が昔とまったく変わってしまっているのではないでしょうか。そもそも「バラエティー」という言葉そのものが日本にはなかった。

植村　いわゆる「エンターテインメント」ですね。

澤田　そう。高田文夫さんの『完璧版　テレビバラエティ大笑辞典』(白夜書房刊、2003年12月)をみると、ここに網羅されたテレビ50年間のバラエティーと、今のバラエティーはまるで違う。例えば、政治を扱ったものは、この時代には登場していない。笑いに歌が絡むか、歌に笑いが絡むか——要するに「お笑い」中心の番組を、かつてはバラエティーと言ったんです。

本来、バラエティーというのは〝何でもあり〟。アメリカのバラエティーには歌もコントも、社会諷刺から政治諷刺まである。ところが日本では「お笑い」を軸に歌を絡ませたのがバラエティーだった。しかし、今は政治もバラエティーのネタにしてしまう。例えば、『ビートたけしのTVタックル』（テレビ朝日）のように、政治家を笑い物にしているとしか思えないシーンが多いのに、番組に出た人が視聴者から好感を持って迎えられる。だから、出たら叩かれ、揶揄されるのが分かっていても出る。出ていれば、すべてがプラスになっていく。不思議ですね。

ビートたけしをはじめ、島田紳助、桂文珍、爆笑問題といったお笑いタレントが仕切った政治バラエティーの影響は、今やニュースショーのバラエティー化にまで及んでいますよ。

植村　「狭義」のバラエティーから「広義」のバラエティーに移行しつつあるということでしょうか？

澤田　番組のカテゴリーでいえば、ドラマ、ドキュメンタリー、ニュース、音楽、演芸などの大きなジャンルは、昔からあまり変わっていません。それが合体していった時期があった。お笑いタレントは音楽をやらなかったのが、ダウンタウンがゴールデン枠で音楽番組の司会をやって自分たちの歌った歌がヒットして、音楽やってる若い連中もお笑いタレントを尊敬するようになった。NHKも爆笑問題を使って音楽番組を作りましたね。これは失敗だったけど、学問バラエティーはうまくいっている。

バラエティーというカテゴリーがなんでもありになっているんだけれども、そもそもテレビとはごった煮みたいなものなんでしょう。

植村　クイズやトークショーも、今はバラエティー？

大山　入りますね。テレビ草創期は「月曜9時はドラマ」「この時間帯は音楽」という時間枠ごとの色分けが必要だった。番組を買うほうも売るほうも、そういうジャンル別意識が強かった。テレビ番組は、まずテレビの外側にいるタレント、及び芸能、及びさまざまな表現をテレビカメラで移し込む、移しかえることから始まったんですよ。ドラマなら、映画や演劇、ラジオから。芸能も、寄席中継や芸人をスタジオに呼んでくるといったかたちでね。音楽番組だったら、コンサート会場にカメラを持ち込む。あるいは、歌手をスタジオに呼んで歌わせるといったように。つまり他ジャンルからの持ち込みネタを映像化することから始まっているんですよ。

番組を変える3要素

大山　しかし、次第にテレビは独自の表現を追求し始める。番組内容が変わっていく要素が三つあるといわれています。一つは機材の進化。次に大胆な制作者の出現——例えば、井原高忠さんのような。そして最後が天才的なタレントの存在です——例えば欽ちゃん（萩本欽一）ですね。

機材でいえば、ENGが開発されてカメラがどんどん外へ出るようになると、ジャンルを越えて面白い素材が撮れるようになる。そうすると家庭の電化で暇ができた主婦が、勉強したくなるんですね。生活に密着した視点で世界を見るようになる。そして、ジャンルを越えて、従来の色分けにはまらないようなごちゃごちゃしたものが一つの新しい魅力的な番組になってくる。視聴者のニーズに近寄るわけです。それまでテレビの外で実績をあげていたタレントが番組の出演者の中核でしたが、今度はテレビで育ったタレントがジャンルを越えて活躍し始める。例えば、堺正章が歌手から司会者になり、役者になりマルチタレント化する。こうしてジャンルやタレントの世界の境界線が曖昧になり、混在してくるわけです。

植村　ボーダレス化ですね。

大山　そうなると、もはやバラエティーというカテゴリーで括るしかなくなる。だいたい、テレビ放送自体がニュース↓CM↓ドラマ↓CM↓音楽と、ごった煮の編成をしている。面白いことに、ボーダレス化することで、新鮮で多様な好奇心に満ちた視聴者のニーズにも合ってくる。短い時間でも楽しめる。だからバラエティーが必然的に増えるんです。

それはお笑いに限らない。『行列のできる法律相談所』（日本テレビ）とか『鶴瓶の家族に乾杯』（NHK）とか、お笑い以外のバラエティーが増えていて、ぼくは基本的には、日本のバラエティーは面白いと思いますよ。

植村　澤田さんの『てなもんや三度笠』（朝日放送）なども、昔で言う狭義のバラエティーですか？

澤田　『てなもんや』はコメディーですね。

植村　『シャボン玉ホリデー』（日本テレビ）は？

澤田　『シャボン玉』は正統的なバラエティー。そのころは〝バラエティー・ショー〟と言っていました。『光子の窓』（日本テレビ）がテレビ・バラエティーの元祖です。『ペリー・コモ・ショー』の日本版です。

大山　そう、『ペリー・コモ・ショー』が、バラエティー・ショーの本家です。それを、もともとジャズをやっていた日本テレビの井原高忠さんがアメリカへ行き、作り方を学んで導入し、NHKも『夢であいましょう』で末盛憲彦さんたちが日本的にアレンジしようとしました。

澤田　『夢であいましょう』がテレビの出演者の幅を広げた。それまで見たこともない人が次々と登場した。そもそもテレビって自分でタレントを育てることをしなかった。五社協定によって映画スターは貸してもらえないから、全部舞台からの借り物だったのが、バラエティーをきっかけにどんどんスターを作っていくわけです。渥美清も『夢であいましょう』で注目された。バラエティーで目立ってドラマに起用されるという流れが生まれました。

ドラマ的要素がヒットの鍵

植村　ボーダレス化することは、悪いことじゃないですね。

澤田　むしろ必然でしょう。テレビがそれだけ生活の中に入り込んでいるから、視聴者がそれを要求しているんです。その結果が視聴率に如実に現れる。高視聴率番組の上位は、スポーツを除くとほとんどドラマとバラエティーです。ニュースも、一般的なニュースの視聴率が高いのではなく、実は刺激的な内容のニュースが視聴者を惹きつけている。伝えるキャスターも、重々しさより親しみやすいキャラクターに変わりつつある。別の言い方をすれば〝情報のバラエティー化〟です。昔なら発表物の政治と経済だけを伝えて終わりなのに、なんとか面白く見せたいと、取材する視点も多分にバラエティー的になっているんですね。

大山　テレビというのは、人間のキャラクターや個性の意外な面を映し出すのに長けたメディアですが、日本のテレビは特に人間中心に密着して追いかける。スポーツ中継なら、アメリカではスポーツという「ゲーム」の経過を中心に追いかける。ところが日本の場合、特定の人間の動きをクローズアップする――ピッチャーのことなら、「この人とこのバッターは何回目の因縁の対決だ」というように、微に入り細をうがち、その人のバックグラウンドまで説明する。内容はバラエティー的に広がっていく。見ているほうもそのほうが面白い。それで、ベンチでハラハラしている監督の顔を映したりする。外国ではあまり考えられないことです。

澤田　野村克也監督はその典型でしたね。

大山　直接ゲームに関係ない。でも、それが一種のバラエティー的面白さにもなるし、そのことに日本人は興味を持つ。
政治もそう。政治をバラエティー化したのは田原総一朗さんだという説もありますが、確かに『サンデープロジェクト』（テレビ朝日・朝日放送）でとことん質問攻めで突っ込んでいって、政治家も本音を語り、その人の裏側も見えたりして、「なるほど」と。政治家としての政治力や実績よりも、テレビでその人となりを見て善悪や好悪を判断する。
植村　ある意味、視聴者ニーズに応えていると？
澤田　テレビの視聴者がテレビドラマでうんと学習した結果、〝ドラマ見巧者《みごうしゃ》〟になりました。戦争前の平和なころ、芝居見巧者という階層があって、芝居をよく観に行ける階層と重なっていた。それが、テレビが茶の間に入ってきて、物事をドラマ風に見る人を一挙に拡大した。人間関係をドラマ的に考えるようになり、テレビ視聴者のニーズとして定着する。だから、今や漫才でもドラマがないとダメなんです。ただギャグばかりやっていても、絶対だめなんです。せいぜい3分しか持たない。それを、15分持たせようと思ったら、ドラマが必要です。起承転結がないといけないし、客のほうが期待するシチュエーションをきちっと作らなければならない。敵、味方やライバルという関係が必要なんです。君とぼくという関係だけでは持たない。だから、ぼくは番組のバラエティー化だけではなく、バラエティーの中にもドラマ的要素がないとヒットしないという確信を持っています。

大山　ドラマというものの解釈も少し変わってきている。広くなってきたといえばいいでしょうかね。昔は舞台では「三一致の法則」といって、必ず場所と時代と人物のキャラクターを統一した古典をやっていた。今は、キャラクターが統一されていない飛躍した面白さを追いかける芝居があります。つまり人間というのは、この人はこういう人だっていう固定観念で縛りきれないということを、いろいろ工夫してみせる。ドラマも計算された必然よりも、偶然性やハプニングを面白がる、そういう時代になってきていますね。だけど、対立するキャラクターの葛藤はドラマの基本型です。

モラルハザード

大山　テレビの見られ方も変わってきた。1970年代までテレビは、お茶の間で家族揃って見られる健全娯楽メディアでした。それが80年代の「楽しくなければテレビじゃない」という風潮から多様化した。女性の社会進出が男女雇用機会均等法などで盛んになり、個人視聴率のニーズが高まり、視聴者のターゲットも細かくなってきている。大衆一般よりも、ある限られた人たちに絞った番組が求められるようになった。可処分所得の多い、有力な商品購買層である20～30歳代の女性を訴求した番組の需要が増える。そうすると、それに応えられるタレントを起用するようになる。

さらに、そこにいろいろなメディアが入り込んでくる。インターネットやケータイなど新たなコミュニケーションツールが出現して、テレビは、自分が必要な時だけ見るメディアに変わってきている。

ＨＵＴが減って、視聴率も昔のようにとれなくなった。そこで、変わったことや珍しいことをして、いかに目立たせるかが必要になる。そうすると、意外に素人が宝庫であることに気づいて、素人の出演と、それをうまくさばけるタレントが注目されてくる。今なら島田紳助がその代表でしょうか。

澤田　桂三枝や明石家さんまもそうですね。

大山　最初は欽ちゃんだと思うけれど、それまで業界にはいない素人を引っ張り出して、出演者の裾野を広げた。昔は素人がテレビに出演するのは緊張して大変でしたが、今は比較的楽にカメラの前で振る舞ってきて、やや図に乗り始める。あるいは気持ちが高ぶっているから、ついオーバーでウケを狙った発言をしちゃう。そういう個性的な素人の面白さを狙った番組がだんだんエスカレートして、過剰になっていく。

澤田　70年代は三波伸介、堺正章、欽ちゃん、ザ・ドリフターズがバラエティーのビッグスターだった。

欽ちゃんはコント55号の時、新しいスタイルの笑いをテレビに持ち込んだ。善人の二郎さん（坂上二郎）を欽ちゃんが意地悪にどこまでもツッコむ。そして、69年から70年にかけて『コント55号の裏番組をぶっとばせ！』（日本テレビ）でプロデューサーの細野邦彦さんがやった野球拳。あれで欽ちゃんと二郎さんは、一つのモラルの壁を越えてビッグスターになった。そのあと、ファミリー路線の二郎さんはドラマで当たり、欽ちゃんはドラマバラエティーで大当たりをとります。ドリフターズも『8時だヨ！全員集合』（TBS）で子ども目線のギャグで親からの顰蹙をかなり買いましたが、「歯磨けよ」とか「勉強しろよ」「宿題しろよ」という発言で、かろうじてバランスをとっていた。

それを崩したのが80〜82年の「マンザイブーム」。そのブームがあわただしく去ると、タモリ、ビートたけし、明石家さんま、島田紳助の時代になって、モラルハザード（倫理の欠如）が一挙に進んだと言っていいと思う。もう一つ下のダウンタウンになったら、もっとないわけですよ。松本人志の発想法というのは、彼の映画見てもわかるように全然違う。欽ちゃんみたいな、温かさがちょっとあって救われるというのがバラエティーだと思っている人たちから見ると、いじめたり叩いたりするのはなんだってことになる。

でも今、テレビ局のプロデューサーが「とれ」と厳命されている視聴者層は、Ｆ１（20～34歳までの女性）とＭ１（20～34歳までの男性）なんですね。(注１)

植村　特にＦ１信奉は根強いですね。

澤田　そう。つまり若い人が中心。広告会社も広告主も同じで、問題とされるバラエティーを「いいじゃないか」と言っているのはこの層なんです。そういう人たちは今のバラエティーを問題だと思っていない。自分たちが社会から受けている制約をバラエティーが解放してくれるからです。

『新婚さんいらっしゃい！』（71年～、朝日放送）の前に、『ただいま恋愛中』（同）という番組を作りました。恋愛中のカップルのトークショーですが、出演カップルが婚前交渉にいたるまでを、あからさまにしゃべることがある。このまま出していいのかとディレクターに聞かれて、ぼくは「言ったものはそのままでいいけど、司会者が煽るのはダメ。黙って聞いて、驚いておけ」と指示した。これ、時代が変わったからというだけではない。出演者はちゃんと計算しているんですよ。親に承認してもらうために、計算してあけすけにしゃべる。「このまま放送して大丈夫か」と出演者に聞いて、それが分かった時、「あっ、そうか」と。
植村　参加視聴者がテレビを利用しているんですね。
澤田　そうです。それは、今回のBPO（放送倫理・番組向上機構）意見書(注2)にも反映されているでしょう。そういうことですから、ディレクターたちも「F1、M1を狙え」と言われている以上、「彼らはこれを求めている」って言いますから。誰も文句言えない。

BPO意見書のメッセージ

澤田　ぼくらがやっちゃいけないと思っていたことを今の若いテレビマンたちは平気でやる。政治も一種のタブーだったから、今でも関東の芸人はテレビで政治のことをしゃべらない。大阪では、深夜のトークショーでお笑いタレント、漫才師も落語家も政治談議をガンガンやる。ウケるのを知っているから。東京で『笑点』のメンバーが深夜のトークショーでそんなことをやりますか？　立川談志は特別ですが（笑）。政治を扱わないというのは一種の不文律でしたが、だんだん変化しています。
大山　社会全体が、タブーをなくしていこうという方向にあることは確かです。それにテレビが乗っかっている。アメリカやヨーロッパでは、躾や教育に厳しい。子どもたちにセックスや暴力をどこまで見せるかということになると、とても慎重です。宗教も背景にある。もちろん、日本でも皇室や人種差別、心身の欠陥の問題など、触れにくいことがあります。でも、それ以外はどんどん垣根が低くなってきている。

澤田　アメリカは特に厳しい。酒やたばこをテレビで扱わない。裸や暴力も絶対だめ。日本ではそれがない。作るほうにそれだけのモラルがない。例えば、ある局の深夜番組を見て唖然としました。局のバラエティー班の部屋のデスクに花道を作って、女の子を水着姿にして歩かせ、お笑いタレントが囃し立てる。「仕事場でやるか」って暗澹たる思いがした。

　だからBPOの意見書で指摘されても仕方がない。ある意味で日本はテレビ無法地帯になっている。日本に来た外国人がみんな言います、「すごいね、テレビが」って。

大山　欧米では、自分たちなりに番組をチェックして視聴に年齢制限をしたりしていますね。

澤田　しかも、日本は今、不景気を理由にコマーシャル規制が緩くなったみたいで、パチンコも消費者金融も何でもありじゃないですか。

大山　だから結局、「放送倫理」というか、社会的良識に拠ろうっていう形にならざるを得なくなる。

澤田　ＢＰＯの意見書には、そうしたことがいろんな形で噴き出していると思う。これを読んで、多少は反省するでしょうけど、「だって仕方ないじゃないか」でおしまいになりそう。

大山　意見書はテレビ・バラエティー論としては非常によくできている。ただ、実に言い訳っぽい。一方で注意しながら、他方で「さはさりながら……」って注釈が多くて……。

植村　制作者に気を使いすぎで、歯切れが悪いですね。

大山　一つには、実例を出すのを遠慮したこともあるのではないか。実際は、最もクレームや問題の多い「お笑い系バラエティー」に限定すればよかったのかな、とも思います。

澤田　犯人探しになるかもしれないという配慮から実例を挙げないようにしたのでしょうが、わざわざ書かなくても、みんな分かっています。担当者は類似の番組を全部見ていますから。見ておかないと作れない。だから「あそこまでやっているなら、こっちもやってみるか」「みんなで渡れば恐くない」というのは、スタッフの中で生きているわけです。

大山　現場が受け入れやすいように書かれていますが、関係者以外が読むと逆に分かりにくいところもある。

澤田　BPOの人たちは、現場で番組を作っている人間にはこんなふうにくだけて言わないと読まないんじゃないかって。でも、そんなことはない。バカじゃ務まらない仕事です。頭のいい人間がバカなことをする。だから、「ここがよくない」とはっきり言えば、「ああ、そうか」ってなると思う。

大山　意見書に対する読者アンケートでは、「BPOの言うとおり。本当に苦々しいと思ったからどんどん言ってくれ」というのと、「余計なことは言うな」「世の中からバカバカしいテレビがなくなったら生き甲斐がなくなってしまう」と、まったく相反する意見がある。だから日本の社会は面白い。昨年の政権交代もそうですが、一方に偏ると必ずまた一方に揺り戻しがあります。だからこそ遠慮することはない。

BPOの今回の指摘は一般の人への意思表示としては意義があったのではないか。民主党は「番組に対して政府直轄のコントロールはしない」と言っていますが、自民党政権時代には、「こんなひどいことをやるから、視聴者の反感を招く。だから政府が番組をきちんと監視しなきゃいけない」といわんばかりでしたからね。テレビは公のメディア、社会的公器だから、「作り手の独りよがりだけでは通用しない。テレビ全体に大きい影響があることを分かってください」というのが、BPOの発したメッセージなんじゃないでしょうか。

番組担当者が考えるべきこと

植村　視聴者も、それぞれ違った物差しで番組を見ていると思うんです。
澤田　例えば、イジメの問題をどう考えるか。ダウンタウンのチームは平気で仲間をイジメています。仲間のイジメならいい、本人もそれで売れていくからいいだろうということぐらいしか理由が思いつかない。雨の中で引きずり回したり、裸で本当にむち打ったり、いろいろなことをやっている。ぼくには楽しくないんですけど、それが視聴率をとるんですよ。
大山　素人がテレビを利用しようとしたこともそうですが、結局、芸人もテレビに出る以上はその瞬間、自分の名前が売れて目立って先々の収入に繋がればいいわけでしょう。テレビに出演しながら、テレビメディアの使命や役割のことなどは考えていないと思う。
　今のバラエティーで一番力があるのは構成作家だという話があって、彼らは局を渡り歩いて合議制で視聴率のとれる番組をつくるわけでしょう。中心になる彼らが本当にメディアのことを真剣に考えるでしょうか。最終的には自分の市場価値が上がればいいわけだから。

そのことを考えなければいけないのは、やっぱり局の番組担当の人間なんです。作家やタレントや素人をうまいこと乗せて、いい要素を引き出し、彼らのパフォーマンスに公共の電波を提供している。だからこそ、担当者はそれを冷静にウォッチして、局の責任者として「視聴者が喜んで見ているからいい」というだけではなく、どこかでメディアの本質や責任、表現の限界を考えるべきだと思いますね。

澤田　バラエティーが視聴率をとっているから、文句を言えないってとこあるでしょう。でも、今、誰も視聴率20％とろうとは思っていない。10％超えればセーフなんですよ。

ベスト20に『ネプリーグ』とか『笑点』とか入っているでしょう。これ、若い人だけが見ているわけではないんですよ。『笑点』なんか、明らかに高齢者に支えられているわけです。じゃあ若い子は何やってるかというと、その時間帯は外で遊んでいる。真面目に働いてる連中が帰ってきてバラエティーを見ている。大学で6年間講義をして、毎年、学生の視聴番組を調べると、彼らは視聴率トップの木村拓哉のドラマをほとんど見ていない。では、キムタクのドラマを見ているのは誰だろうと考えると、今言った働いている若い連中なんです。

そういう人たちだけをターゲットにした番組を作れば13％はとれる。でも20％はとれない。とろうと思ったら、高齢者も遊んでる若い人も見る番組じゃないと無理なんです。

大山　広告媒体としてのテレビ放送は可処分所得の多い若い層を狙いたい。しかし、視聴者全体でいうと、中年以上の人たちがテレビをよく見ている。だから実際によく見ている人たちと、広告媒体として民放テレビのスポンサーが求める視聴者とのズレ。そこにさまざまな悩ましい問題が生まれているのではないでしょうか。

圧力をはね返す努力

大山　健康や環境、食べ物や旅、科学など、多彩なジャンルがバラエティーの素材として面白くなってきました。視聴者参加型では、『秘密のケンミンＳＨＯＷ』（読売テレビ）や『ナニコレ珍百景』（テレビ朝日）が面白い。日本中のさまざまな地域起こしを、きちんと紹介するバラエティーになっている。ほんとに日本人っていろいろなことを思いつくなと感心する。比較的制作費が安くあがるということで、これからも多彩で新奇なバラエティーは増えていくだろうと思う。

澤田　ああいうバラエティーはBPOで問題になりません。安心して、気楽に見られる。ドラマは気楽に見られません。だから、殺人事件のような分かりやすい話が視聴率をとって、『不毛地帯』(フジテレビ)のような難しいドラマは視聴率が上がらない。その意味で、『龍馬伝』(NHK)が高視聴率をとるって、すごいことなんですよ。あの激しいカット割りについてくるわけですから。視聴者もかなり訓練されている。だから、ぼくは視聴者を信じています。

植村　BPOは、過度に制作者を萎縮させてはいけないと気を使っているようですが。

澤田　萎縮しませんよ、現場はそんなことで。

大山　そう、逆に燃える。ゴルフでいうと、OB杭の隙間を狙って、タブー破りをしてやるぞ。アッと驚かせてやるぞと思うのが制作者というものですよ。

澤田　でも、そういう制作者に、最近あまり出会わない。骨のある制作者を生むべきなんです。言われたとおり、ハイハイと黙って作る優等生じゃなくて、堂々と議論する制作者を。

番組を作っていると、ドラマであれバラエティーであれ、何らかの圧力が突然かかることがある。その時に自分が正面から向き合って、どんな形であろうと解決しなかったら終わっちゃう。配置転換だって簡単にできますからね。

大山　だから、ソフトの作られ方、発注のされ方に経営者がもっときちんと目を向けて、見識ある人の意見も聞き、今、自分の局の制作実態や、どんな問題があるのかを分かってほしいと思いますね。すべて現場におまかせじゃなくてね。

澤田　各局同じような番組が増えていることにも批判があると思う。ほんとに同じような番組が多いですよ。でも結局、淘汰されますよ。『開運！なんでも鑑定団』（テレビ東京）が出た時も、各社が真似した。お金かけてヨーロッパへタレント連れて行ったりして。テレビ東京はお金がないから地方をまわってたけども、そちらのほうが残ってる。

でも、テレビに限らずソフトの世界では「ドジョウは3匹いる」というのは正しくて、同じような企画でも3本までは同時期に当たる。

大山　いや、NHK含めて7局、7匹いるっていう説あるからね。

澤田　ぼく自身は、4匹までは絶対いると思ってる。しかし、「4匹目はコケる」というのも正しい。だからただ真似するだけでなく、なにか新しいアイディアを入れないと続かない。全部真似して、安上りのお笑いタレントをズラッと並べて当たるわけがない。

タレントも消えるの早いですよ。あのなかで生き残っていくのは大変ですから。生き残っているヤツはやっぱり才能があるんですよ。

大山　栄枯盛衰ね。たしかにタレントも消えはじめると早い。

緊張感を生む「客入れ」

植村　一方、ゴールデンタイムで司会者を張れる大物タレントが20年前と変わらない。視聴率がとれるのは、相変わらずさんま、たけし、タモリ、紳助、ダウンタウンですね。これは、テレビ的にはいいことですか。

澤田　それは、逆に彼らがものすごくがんばっているということです。今はギャラの高い人は替えられていく時代ですよ。そんななかで長く続いているってことは、彼らが特殊な能力を持っているということ。能力のない者はやっぱり落ちていきますよ。落ちるときは視聴率がとれなくなる。視聴者が見捨てるんです、残酷ですよ。

植村　ラジカルなら長生きするというわけではないんですね。

大山　『情報ライブ　ミヤネ屋』（読売テレビ）の宮根誠司みたいに、地方には結構、司会者はいるんですよ。

澤田　普通アナウンサーが言わないようなことを彼は平気で言っちゃうというんで、人気があった。一種のモラルハザードみたいなのを越えられるキャラなんです。やしきたかじんの手法です。たかじんの場合は東京のスタッフともめて東京進出に失敗したんですけど。鶴瓶だって2回失敗してますから。3回目は行儀よくしてうまくいってる。みんな努力しているんですよ。

大山　芸人は、お笑い系を含めて、客の前で反応を浴びることで、ものすごく鍛えられる。吉本興業は東京でも劇場を作ったでしょ。これが刺激的でした。客の前で何かをやることが緊張を生み、思いがけぬパワーが出てくる。

今、民放テレビのバラエティーのお笑い系って、名前がある人、視聴率のとれる人を呼んできて、当人たちは台本にルビふって、楽にやってもらって、というものが多い。極端なケースだと、企画は営業の言いなり、内容はタレントや作家の言いなり、制作はプロダクションに丸投げで、局の担当者の顔が見えてこない。これが一番問題のケースでしょう。

そうじゃなくて、緊張感の中で〝担当者も勝負〟という雰囲気で番組を作っていく。その装置の一つが〝客入れ〟だと思う。NHKのほとんどのバラエティー系番組はスタジオでも客入れして、効果を生んでいる。民放の場合には客入れというのはまだ多くなくて、スタジオの隅でワーッとスタッフが笑うものも少なくありませんが、これは内輪ウケ。視聴者は逆にしらけるわけですよ。出演者をなんとなくヨイショしているなと。だからこういうところを改善していかないといけない。

ジャニーズ系とお笑い系

澤田　バラエティーを変えたのは、吉本興業もありますが、実はジャニー喜多川さんじゃないでしょうか。

大山　明らかにそうですね。今やドラマも、ジャニーズ事務所の誰かをキャスティングできると企画として成立しやすい。

澤田　若くて才能のある人材があそこにいっぱいいるということです。ジャニーさんはアメリカ育ちだから、感覚的に「笑い」が一番強いことを知っている。「フランク・シナトラとボブ・ホープ。どっちが偉いと思うか」って聞いたら、当然のようにボブ・ホープって答えた。「エンターテイナーがいちばん偉い」って。だから、ジャニーさんはアイドル歌手を育てていますが、じつはバラエティーをやりたくてしょうがなかった。それで、SMAPでバラエティー『SMAP×SMAP』(関西テレビ・フジテレビ)をやって、それが当たった。ドラマの世界にも挑戦させる。もうスケジュールがパンパンなのにやるわけですよ。一方で、東京ドームや武道館で公演するショーでアメリカから最新のバラエティー・ショーの演出家を呼んだりしている。

大山　入場数の規模が違う劇場やホールのお客の前でちゃんとやることで、パフォーマンスが客に届く範囲を覚え、ジャニーズの人たちは確実に育っていますね。

澤田　で、一方に吉本がいて、吉本にも音楽の分かる人材が育ってきた。ジャニーズのほうは、歌って踊れて笑いということもできるようになっている。この両方から攻めてきているから、他のプロダクションは大変ですよ。

しかも彼らは局の担当プロデューサーをきちっと決めて、その人にしかタレントを貸さない。政治の世界の番記者みたいに、バラエティーは今そうなってる。それなら「企画で勝負しよう」というプロデューサーが『爆笑レッドカーペット』(フジテレビ)や『エンタの神様』(日本テレビ)といった別の番組を作り、それらが当たると、それはそれで、また新たなヒットへと繋がっていく。バラエティーが増える遠因になっている。

だから夜の遅い時間帯の番組は今、ジャニーズ系タレントと、お笑いタレントの競争ですね。吉本も、吉本だけってことはなくて、異種交配していろんなところとコラボしてますよ。昔じゃ考えられなかったけど。

大山　不景気のせいでドラマがだんだん減りだした。そのために、ドラマ系の人材がバラエティーに進出することも増えています。例えば、NHKの『サラリーマンNEO』は、バラエティー班を中心に、ドラマ系も入って作っている。お笑いタレントを使わないで、ある種のバラエティーを作ろうとしている。バラエティー風のドラマというか、ドラマ風のバラエティーっていうか、そういう新しい試みがあって、これから活気づいていくと思いますよ。ATP賞で昨年グランプリ受賞した小林賢太郎という不思議な人がいて、1人でいろいろな芸をやる。NHKは彼をビッグにしようとしています。NHKも、お笑い系で新たな鉱脈を掘り当てようとしているようですね。

澤田　松方弘樹や高橋英樹がバラエティーの顔になったり、笹野高史みたいに脇役だったひとが不思議な才能を見せたり、ジャンルを越えることはテレビを面白くすると思いますよ。これは現場のプロデューサーにもいえることだけど。まだまだ、これから何が出てくるか分かりませんよ。

大山　バラエティーって、アメリカから入ってきて、そこから日本流のものも生まれた。素人を起用しても、打ち合わせ済みなのにぶっつけ本番のハプニングを装ったドキュメンタリーまで現れる。見るほうは仕掛けを先刻ご承知で、作り手の思惑が外れた場面を見て、ちょっとひねった笑いを楽しむといった新しい文化を創りつつある。だからこそ面白いし、可能性がある。

澤田　バラエティーは、もともと演芸場から出ている笑いです。寄席のプログラムに変化を持たせるために大喜利や珍芸を組む。珍芸の元祖・柳家金語楼も落語家です。映画やラジオという新しいメディアができると、どんどん進出し、それを持ち帰って活力をつける。そんなふうに新しいメディアの中で適応した人だけが生き残っていく。例えば浪花節のような明治の初期からあった古い芸能が、三波春夫が出てきて着物姿で歌うことで生まれ変わる。次に村田英雄が出てくる。

このように、過去の芸能をうまくその時代にアレンジしながら現在がある。漫才も、大阪で生まれたものを東京がまねして、東京漫才ができた。で、東京漫才は落語家が2人集まったコンビが多かったから、落語みたいなテンポ。大阪みたいなボケとツッコミではなく、両方ともボケみたいな。今の、昭和のいる・こいるなんかに近いスタイルです。

大阪漫才の集団でワァーっとやるスタイルは、マンザイブームの時にぼくが考えた。テレビという媒体がなかったら到底、実現しなかったでしょう。序列のうるさい寄席だけじゃとっても無理。エンタツ・アチャコがラジオで一挙に売れたように、やはりメディア絡みなんですよ。

大山　今やっているバラエティーの笑いは、大半はテレビネタから生まれた。

澤田　『オレたちひょうきん族』（フジテレビ）の横澤彪さんからだと思います。ぼくはどうしても昔の演芸スタイルを引きずっているんですよ。でも、横澤さんは発想がまるで違った。

大山　そもそも横澤さんは、お化け番組だったドリフの『8時だョ！全員集合』にどうしたら勝てるかって、タブー破りをやった。人気者を大勢集めたけど、全員揃ってリハーサルして練り上げる時間がとれない。苦肉の策。ぶっつけ本番でNG出すところを売り物にしよう、楽屋落ちを見せちゃおうって居直った。それがパワーの源ですから。

澤田　明石家さんまに着ぐるみ着せてブラックデビルとかやるって、普通の発想じゃないですよ。その後、TBSはさんまを『男女7人夏物語』で二枚目に仕立てちゃう。さらに大竹しのぶと結婚して、彼はヒーローになる。そういう意味では、明石家さんまは時代の一つの象徴でもあるわけです。そういうタレントが出てきた時に、すべてが変わるってことがありますね。

電波は共有財産

植村　一方、放送局の倫理という点ではいかがでしょうか？

大山　「倫理」と言うと固くなるけど、守るべき規律のようなものはあったほうがいいと感じています。TBSの3代目社長だった今道潤三さんの時代、制作局に「放送は社会倫理を作るものなり」と社長が書いた額が掛かっていました。そのころは、「古い倫理を守っていてもしょうがない。テレビは新しい表現だから、今までのタブーを破らなければ」と思っていました。でも、気になるんです、その言葉。使命感や放送の果たすべき役割を頭のどこかにインプットされている。毎日、その額が目に入るとボディブローのように効いてくる。

倫理基準は、緩くしても固くしても、しょせん破られるもの。実は破ろうとする時、ものすごい表現、パワフルな表現が生まれるものです。だから、むしろ縛るぐらいのほうが、現場に勢いが出て、新しいものが生まれる可能性がある。

澤田　厳しくしたら、そこを工夫して、新たなものが出てくる。テレビはタダで、しかも子どもから大人まで簡単に見られるメディアでしょう。だからこそ、ちゃんとしなければいけないと頑張ってきたはずなんです。

最初のころはものすごく縛りがあった。それがいつの間に緩くなってしまった。というのは、あらゆるメディアの中でテレビがトップになったから。ナンバーワンの地位を守るためには「視聴率」を上げるしかないってことで、視聴率主義に傾いた。視聴率を上げることが媒体価値を高めることとイコールになった。視聴率以外の物差しを作ろうといろいろ努力してみたけれど、結局は今の物差ししかない。

だからスポンサーも時々、「視聴率は関係ない。クオリティーの高いものを作ろう」と言ったりしますが、いつの間にかそんな意見も消えてしまった。特に深夜は今、解放区の感があります。「それでいいんだ」という考え方なのかどうか――テレビ局の経営者ははっきり表明すべきだと思う。

大山　大前提として、テレビの電波は国民の大事な共有財産であることを忘れちゃいけない。ぼくたちは若い頃、経営者側からそう教育されました。電波は国民のもので、それを放送事業者が一時預かっているだけなんだと。だから、放送の周辺で働く人も、そのことを十分に認識していてほしいと。最大の放送局であるより、最良の放送局であれ、と言われていた。

植村　放送関係者に電波を預かっているという認識があるでしょうか？

澤田　少なくともスタッフは、思っていないでしょうね。

大山　だから、先述の今道さんの言葉でもいいのですが、何かビジョンでいいから経営責任者が掲げることによって制作者が局としての放送のあるべき目標を持つ。NHK元会長の川口幹夫さんが就任にあたって、「三つの〈た〉を大事にしよう」と言った。「た・よりになる」「た・めになる」「た・のしい」番組を作ろう、と。そういうキャッチフレーズでいいんです。

経営と編成の分離案

澤田　こういう時、日本の経営者は表に出てこない。社長や常務、編成局長が「こういうつもりで番組を作っている」と大論陣を張るべきだと思う。今こそ、その時期だと。

大山　アメリカでは放送局の経営者と編成責任者は別です。だから経営者が編成責任者を気に入らなかったり、業績が上がらなければ代えればいいけれど、日本では一緒になっている。ここに功罪がある。日本では、トータルで商売がうまくいっていれば、編成や番組の問題も許される風土がある。編成の問題を指摘されても、経営の立場で

「儲かっているからいいじゃないか」と許してしまうところがある。だから、「業績がいいにしても、メディアとしての信頼が失われていますよ」と言われた時、局の目指しているものを、わかりやすい言葉できっちり答えられるのは社長しかいない。

澤田　もっとビシッと言ったら、みんな聞きますよ。若いADやディレクターがBPOの意見書を読んでどう言ったかというと、「ギャグが古い」って（笑）。ドリフターズ時代のギャグだって言うわけです。バラエティーを語るにしては、今のギャグが入っていない。そういうことが問題じゃない。何事も表面だけ見て、深く考えない、そんな連中です。その連中にはビシッと言ったら、「はい」って真摯に聞きますよ。

植村　番組制作者はそれを待ち望んでいますよね。

大山　確かに、制作者にすべての判断を任されるって結構しんどい。「こうしてほしい」「こっちの方向だ」って中長期的展望を示されれば、「分かった」と力を十分に発揮できる。一方でまた、どうしたらタブーを破れるかをエネルギッシュに考える。そこに、新たなクリエイティブ力が出てくるわけですから。

BPOの意見書が出て、経営者や責任者も問題の所在や制作現場の風土を少しは理解されたと思う。それは非常にいいこと。もう一つの大きな問題は、現場で働いているのは、局の直轄の人だけじゃなく、幾層にも重なったプロダクションの人たちが混在しているということです。だから、時に番組に統一感がなくなるし、個々のスタッフが自分のかかわっている業務は理解できても、番組の内容をトータルで把握しにくくなっている。そういう局員以外の人たちへのメディア教育を、放送局はプロダクションと協力して真剣に考えていかなくてはならない。

澤田　私たちのJ・VIG[注3]が制作現場の状況を調査して、「10年経ったらテレビは誰が作るのか」とテレビ局に問いかけて2年経ちました。テレビ局の方々もいろいろ考えて手は打っていますが、状況はもっと悪化していて、このままでは作り手のモチベーションは下がる一方です。「5年も持たないのではないか」とぼくは危惧しています。選ばれて免許を受け、放送事業をしている責任者として、作り手が希望を持てる未来を示してほしいと願うのみです。

大山　現在の放送界は、護送船団方式と言われて自分たちグループの城にこもり、外に出て開放的に社会的公器としての装置の生かし方を、広く話し合い行動しようという雰囲気ではない気がする。来年（２０１１年）のデジタル完全移行を控え、時代にマッチしたテレビ放送はどうあるべきか。これからの時代に、どうしたら放送は生き残れるのか。マスコミの中でどのような役割を担うべきか。社会的な責任、産業としての運営計画……。社会的影響力の極めて大きい巨大メディアであるからこそ、内外に広く意見を求め、メディアの展望を真剣に話し合うことが必要ではないでしょうか。
（２０１０年2月4日。一部敬称略）

注1：マーケティング用語。Ｆ１・Ｍ１（20～34歳）、Ｆ２・Ｍ２（35～49歳）、Ｆ３・Ｍ３（50歳以上）。
注2：２００９年11月にＢＰＯ・放送倫理検証委員会が発表した「最近のテレビ・バラエティー番組に関する意見」。
注3：Ｊ・ＶＩＧ（協同組合　日本映像事業協会）。番組制作会社の福利厚生、番組制作資金の融資を目的に94年に設立され、09年に現在の名称に改称。

第3章　視聴者をどう捉えるか

視聴率への意識

植村　テレビ局在職中の42年間のうち25年間は編成にいたので、私は常に視聴率を意識してきました。民放にいるとそうせざるを得ないんですが、半世紀にわたり現役のお二人はいかがですか?

大山　機械式の視聴率調査が始まったのが1961年です。まずニールセンが始めて、翌62年にビデオリサーチが始まる（注：現在はビデオリサーチ1社が実施）。

それ以前の59年末から、私は番組を担当していましたが、当時は1社提供の番組が多かったので、スポンサーの担当者と広告会社の電通と私の三者で話し合って、「こういうのを狙おう」と。新しいメディアだから、「新鮮なもの」「インパクトのあるもの」という思いが強かった。だから、そのころは放送時間帯に、どんな人がどのくらい見ているかということは、あまり気にしませんでしたね。

最初に聞いていたのは、テレビはアメリカではボトムアップ、つまりまず下層の低所得者向けに開発されて次第に中間層に普及したのに対して、日本はトップダウン型だと。つまり経営者や役員などインテリ層が主な視聴者だった。というのは受像機が高いから、学識経験者の家とか学校、公共施設、喫茶店、食堂などにテレビが置かれ、インテリが見ているという意識がありました。

それでどちらかといえば意欲的な企画も試みていました。たとえば、SF好きだった石原慎太郎さんが電通を通してTBSの編成に持ち込んだ『慎太郎ミステリー　暗闇の声』（59～60年）というドラマ。毛織物メーカーのニッケがスポンサーでしたが、2回目からぼくが演出を担当しました。今の『世にも奇妙な物語』（90年～、フジテレビ）のような、当時としては非常に前衛的な企画です。ユニークなものをやるのもテレビの幅が広がると、みんなが面白がってくれた。

植村　具体的に視聴率を意識し始めたのはいつからですか？

大山　ゴールデンタイムのど真ん中、月曜20時のナショナル（松下電器産業、現・パナソニック）枠で『真田幸村』（66～67年）という連続ドラマを担当した時ですね。

植村　１９６６年。１本に制作費１千万円かけるという、当時としては画期的な試みで話題になりました。

大山　ＮＨＫの大河ドラマに負けない民放初の大型時代劇をやるというので、すごく意識させられました。中村（萬屋）錦之助さんや浅丘ルリ子さんという映画の看板スターを引っ張り出し、松山善三さんに脚本を書いてもらう。ある意味で映画財産のいただき物ですが、新参のテレビ屋の一人としては、映画やＮＨＫに、やられたと言わせるぞとものすごく張りきった。その代わり、視聴率をとらなきゃいかんというわけです。

植村　結果はいかがでしたか？

大山　目標の20％に届かず、「金も時間もかけたのに」と冷たい目で見られました。力が入り過ぎて、気楽に見られる大衆娯楽版になりきれなかったからですね。

植村　でも、そのときはやりたいものが先にあったわけですね。澤田さんはいかがでしょうか？

澤田　ぼくの場合は全然違うんです。ぼくのスタートは大阪で、ラジオ番組です。民放ラジオの草創期は、ＮＨＫに対抗しなければならないので、最初から娯楽でした。大衆をつかまなければ、どうしようもない。すでにラジオにも聴取率調査がありましたが、ベストテンはすべてお笑い番組です。大阪は特にお笑いが盛んで、まずは花菱アチャコさんの『お父さんはお人好し』（NHK、54〜65年）に勝たなければ、という意識がありました。

ぼくの番組もベストテンに3本入ったことがあるんですよ、入社してすぐに。まだ23歳くらいでしたけど、天下取ったような気持ちでした。

やがてテレビが始まって、テレビへ行けって言われた時は、がっかりしましたね。ここまで頑張って聴取率をとっているのに、視聴率調査どころか、テレビはどれだけ普及しているのか分からないメディアでしたから。ところが、テレビにもちゃんと視聴率調査があった。『ラジオテレビ新聞』っていったかな、週刊の業界新聞に載っていたけれど、誰も気にしていなかった。しばらくして、当時担当していた『びっくり捕物帳』（中田ダイマル・ラケット、森光子、藤田まこと）が関西でトップになりましたが、視聴率よりも、出演者の一人だった森光子さんの人気が高まっているのを感じることで、着実にテレビの台数が増えつつあることがわかったものです。

植村　その調査は、機械式調査ではなく、聞き取り式ですか。

澤田　聞き取りで、週1回（初めは月1回）の発表でした。

植村　生涯、レーティングとの戦いですね（笑）。

澤田　東京へネットされている番組を担当していると、意識せざるを得ないんですよ。東京で認められるには、高視聴率をとって東京のベストテンに入ればいい、それにはどうすればいいか、ずっと考えていました。視聴率調査表が配られるようになっても制作部で気にしているのはぼくだけ。どんな番組が視聴率をとってるのか一生懸命見てましたわ。当時はプロレスでしたね、力道山。

大山　あとアメリカのテレビ映画、『スーパーマン』（TBS、56〜58年）、『名犬リンチンチン』（56〜60年）、『名犬ラッシー』（57〜64年）、『アイラブ・ルーシー』（57〜60年）。

澤田　すごかったですね。『ザ・ガードマン』（TBS、65〜71年）も長らく強かったですけど。

初期の段階では、大阪と東京の番組の注目度には差がありましたね。1959年3月にスタートした花登筺さんの『番頭はんと丁稚どん』（毎日放送、59〜61年）がその年の12月に高橋圭三さん司会の人気番組『私の秘密』（NHK、56〜67年）を抜いた時、大きな新聞記事になりました。やっぱりそうなんだと思いました。ベストテンのトップにいた番組を一瞬だけど大阪の番組が抜いたということで大変な話題になり、出演した大村崑さんが人気者になった。視聴者が真剣に見てくれているんだと感じたのはその頃です。

プロレスのときは街頭テレビだったのが、やがてテレビが茶の間で見られるようになる。そのあたりから視聴率が意味するものも変わってきたような気がします。

女性は「テレビ見巧者」

植村　私は常々、視聴者を見くびってはいけないと思っています。先日、民放連の公開シンポジウム「バラエティー向上委員会」（10年3月11日、東京・草月ホールで開催）で、制作者から「視聴者にも勉強してもらわなければ」という発言がありましたが、私は逆に、制作者こそ勉強しなきゃいけないと思う。視聴者をまるで読めていないような気がするからです。

大山　そのとおりです。日本のテレビが発達したのは、ちょうど高度成長期と重なります。だから、70年代までテレビはお茶の間や居間の中央に1台ドンとあって、一家団欒や新しい生活と生き方、新しい社会のマイホームのシンボルだった。番組は、アメリカのテレビ映画のように一家揃ってみんなが楽しめるもの。テレビを通じて野球なら長嶋茂雄、相撲は大鵬、歌手は美空ひばりと、日本中が沸き立つようなヒーローやヒロインが出ました。

それで最も開眼させられたのは女性でしょう。テレビは、女性を中心とした新しい視聴者を生み育てた。テレビはいろいろな意味で、知識や娯楽、生き方のヒントを与えてきた。海外を含めて社会を知り、視聴者の内面を豊かにし、外部に目を見開かせた。今や、日本の視聴者の目や耳は、ものすごく肥えている。だから、視聴者から学ぶことこそが、テレビを考える大事な視点になると思います。

植村 骨董などの世界では、たくさん良いものを見ると目利きになると言います。その意味でも視聴者のほうが目利きではないかと。1日に7時間、家庭でテレビをつけていて、1人がだいたい4時間弱見ている。一方、テレビに携わる者がテレビを見るのは、せいぜい1～2時間程度でしょう。そうすると、どっちが目利きになるかといえば、当然、視聴者のほう。だからこそ、作る側が勉強しなきゃいけない。

澤田 「芝居見巧者」という言葉があるじゃないですか。昔は上流階級の奥様方が、今日は三越、明日は帝劇というように、歌舞伎なんかも見て回って、表立ってパトロンになるわけじゃないけれど、よく見てるから芝居に詳しい。今のテレビでは、女性がものすごい見巧者なんですよ。テレビが女性を見巧者にしてしまった。だから送り手側はそれを常に上回っていかなければいけない。

かつてはまったく関心がなかった政治や経済のことも、しっかり学んでいます。今は政治家もテレビの影響の大きさを知っていて、テレビに喜んで出演しますが、以前はテレビの効用などまったく考えてもいなかった。今や、選挙に勝つには女性のハートをつかむ表現をいかにテレビでできるかにかかっています。

佐藤栄作首相が、「テレビだけしか信用しない」と言って、記者会見場から新聞記者を追い出して、テレビに向かってしゃべったことがあったじゃないですか。ぼくは、あれテレビの力を表現した名言だと思います。

大山　最近、民放の番組がやや低調なので、ＮＨＫの視聴率が相対的に良くなって、全日１位という日が結構あるんです。ＮＨＫ内の各局担当者が話し合ったところ、『龍馬伝』（２０１０年）も『歌謡コンサート』（93年〜）も、担当者は「視聴者の目線に立った番組作りをしている」と口を揃えたそうですが、ＮＨＫとしては珍しいことです。今までのＮＨＫは、視聴者より少し高みに立っていたようなのが、視聴者、特に女性を考えて、丁寧な番組作りをするようになった。入り口を広く分かりやすくして、入ってきたらそこから先は、ＮＨＫ的に奥深く専門的にという……。そうすると、自然に視聴率がついてくるようになったというんです。

民放は昔から「視聴者の目線」と言っていましたが、ＮＨＫもそこに気がついた。

今は視聴者のほうが、したたかでクレバーです。テレビは、そういう相手にきちんと向き合わないといけないんですね。

澤田　そんな女性たちが、今のテレビはつまらないと発言しているじゃないですか。本来なら、ここでこそ民放が女性たちを引っ張っていくようなレベルの高い番組を開発するべきだと思います。

大山　とにかくわかりやすくとか、相手に合わせるといった視点にこだわりすぎると、女性は低く見られていると感じて反発しますよ。ちょっといいことを教わったとか、素敵なことを言ってくれると思うと、ググッと惹きつけられる。だから、度合の問題だと思いますけど。

視聴率は相対的評価

植村　視聴率調査そのものについて、どうお考えですか？

大山　それは一つの指標であり、データ数値であって〝絶対〟ではないですね。絶対的な視聴者の番組接触度合いを測るのは難しいんですよ。だから、一定の経験と採算ベースに立って、統計学に基づいて「このぐらいなら許される」という誤差の範囲内で科学的に出している数値が、今のビデオリサーチの視聴率ではないでしょうか。ただし、ベースはいまだに世帯視聴率で、放送時点の生放送を在宅する何人が見たか、何世帯が見たかという調査です。サンプル数は東阪それぞれ６００世帯。ところが今、視聴形態が多様化してきました。在宅視聴ではなく、場所も飛ぶ、収録して後で見るなど時間も飛ぶ、ケータイでも見られる。この現実に調査が対応していないですね。在宅で、しかもオンタイムで見た人たちだけをカウントした結果だけです。それでいいのかということです。変化する視聴形態に必ずしも調査が合っていないことが、一番の問題なのではないでしょうか。

植村　パソコンも録画もワンセグもカウントしてないですもんね。

大山　そうですよ。担当者としてはテレビとの接触の仕方が知りたいんです。若い人たちは録画して見ているから、もっと視聴率が高いはずだとかね。

澤田　ホームビデオが登場したころは、放送が見られなくても、後でビデオに録画したものを見るという時代だった。ところが今、ビデオなりＤＶＤに録画しても、ほとんど見ないんじゃないですか。見ようと思っても、チャンネルを回すとけっこう面白い番組があるから、結局後回しになっちゃう。録画したけど積んでおいてそのままっていう人、多いんじゃないかな。あれ、あとから探すのけっこう大変なんですよ。

それでも、視聴率の高い番組に関連したイベントや出版はやはり注目されて、人気が出る。やはり、他のメディアに比べて、テレビの影響力ははるかに大きいんですよ。ハードや生活様態の変化で視聴環境は影響を受けているだろうけれど、それにもかかわらずテレビには視聴率しか評価する物差しがない。

植村　確かに、視聴率はある傾向を伝えてはいますね。

大山　具体的な数字に即して言えば、日曜日がダントツにHUT（総世帯視聴率）が高い。全体の視聴人数が多いから、『笑点』（日本テレビ）やNHKの大河ドラマなど日曜日の番組は有利なんです。次に高いのが月曜日、3番目は土曜日。逆に、金曜日が一番低い。こうした曜日の持つ特性や視聴習慣と視聴率には密接な関係があるから、それを無視して数字だけを単純に比較するのは、ちょっと違う気はしますね。

植村　元CRネクサスの藤井潔さんが、視聴率は「興味の量」だとおっしゃっています。

澤田　視聴率が一般の話題になるのは、毎週、順位が新聞に載るようになってからです。余計なお世話ですが（笑）。

大山　1975年にテレビ広告費が新聞を抜く。そこから新聞で、ややジェラシー風に「テレビは視聴率主義に走り、低俗番組が増えている」という論調も生まれましたね。

澤田　今もちょっと似ています。活字媒体がテレビを叩く材料としては、視聴率が一番分かりやすいですから。

大山　いずれにしても相対的な評価であって、みんなが横並びの同じ条件下で番組を作っているわけじゃないから、数字を並べて1位、2位と言っても、同列に比較はできません。曜日や時間帯による条件を勘案しないで、ただ番組名を並べて、番組の価値をうんぬんされるのはいかがなものか。ただ、ある種のエンターテインメント記事としてはいいけれど……。

「視聴質」とは

植村　番組の価値が、視聴率という数値だけで評価されることについてはいかがでしょうか？

大山　「視聴質」という、量以外のバロメーターを民放連や広告主・広告会社が何度もトライしました。しかし、質を決める尺度には満足度、期待度、印象度など切り口がたくさんあり過ぎて、結局は点数制になってしまうとわかった。当時、民放連で研究にあたった野崎茂さんにうかがったことがあります。

その後も、視聴率だけじゃダメだということで、広告会社がグループ研究を試みました。というのも、1982年、それまで19年近く視聴率首位をキープしていたTBSを、フジテレビが追い抜いた。その背景には、71年に制作部門を完全にプロダクションに分離させたフジテレビで、80年に鹿内春雄副社長（当時）が制作部門を全部局に戻して途中でプロダクションに入社した人間までフジの社員にしたということがあった。その結果、「楽しくなければテレビじゃない」を合言葉に盛り返したわけです。その一方で、「フジテレビには子ども番組や若者をターゲットにした番組が多く、社会の中核を成している中年男性層が含まれていない。その層はTBSのほうがより多く取り込んでいるので、視聴率の中味的にはTBSのほうが優れている」――なんてことが、当時マーケティングの分野で流行った「分衆」「少衆」論などとあいまって、大論争になったことがあります。

こんなことも背景に、日本広告主協会（現・日本アドバタイザーズ協会）電波委員長の福原義春さん（当時資生堂社長）が、「質をきちんと調査すべきだ」と言って、視聴質議論が盛んになった。でも、議論はしたものの、結局は切り口がたくさんあり過ぎて、結論の出ないまま終わってしまいました。

植村　それが、ターゲット視聴率の議論にすり変わったんですね。「誰が見ているか」という個人視聴率の問題に。

大山　そうです。それで機械式の個人視聴率調査（ピープルメーター）を導入しようとニールセンが先行したのですが、調査の精度や信頼性などに対して、主に民放側が疑義を呈し、民放・広告会社・広告主の三者で検証機関が設立され、専門家による検証を経てようやく1997年から日本でもピープルメーターによる個人視聴率調査が導入されたという経緯があります。ただし、その後ニールセンは国内市場から撤退し、ビデオリサーチ1社による調査となりました。

そして視聴率の問題は、日本テレビの社員がモニター家庭に接触し、金品を渡して自分の担当番組の視聴を依頼したという「視聴率調査不正操作問題」（03年）で、再度クローズアップされるのですが、日本テレビの調査委員会も民放連も、「統一した見解を出すのは非常に困難」という中途半端な結論しか出せなかった。要するに「切り口が多過ぎて判断基準を作るのは難しい」ということです。

多様な評価軸の必要性

植村　最近は、全体にＨＵＴが下がってきているようですが。

大山　結局、テレビをよく見ているのは60代以上の団塊世代で、若い人の接触度が減っているということではないでしょうか。若い人は、他に接したいメディアがたくさんありますし、テレビ離れは仕方がない部分はある。とはいいながら、テレビをつけっ放しでインターネットもやっている、そういう〝ながら視聴〟はかなり増えているようですね。

澤田　若い人たちはテレビを見ても見なくてもいいように育っている。これから先、この層が高齢化してくると、当然、テレビの視聴形態は変わると思います。少なくとも高齢化社会が加速するのは事実だから、60代の人たちの番組がもっとあってもいいとは思いますね。

植村　２０１１年7月にデジタル化が完了すると、さらに変化していくのでしょうか？

大山　相対的には減るのではないでしょうか。チャンネルが増えれば、今のように多くの人が見るような番組への集中度が限られてしまう。ビッグイベントは別にして、分散化すると思います。もちろん、調査自体も今の方法では実態に合わないということで、放送局と広告主、調査会社が研究しながら現状に対応するシステムを作りつつあるみたいですね。

ただし、ある種の指標として、視聴率というものがなくなることはないと思う。局やスポンサーにしてみると、視聴率は番組の期待到達度だから、なくてはならないものです。ただ、それを絶対視するのは、どこかでねじ曲がってしまうのではないかという気がします。

地方に目を向けると、視聴率が高くなりそうな東京発の番組がドーンと居すわって、地方発の伝統文化や伝統芸能といったものが紹介されにくくなっている。ある意味で「日本の東京化」「東京文化一極集中」みたいなものを視聴率主義が作ってしまっている。デジタル化で少しそれが変わっていくといいと思うのですが。

植村　そう、もうちょっと多様化したほうがいい。視聴率という数値とは別の価値もあっていいのではないでしょうか。

大山　番組コンクールなどのように、視聴率とは違う評価基準がないわけではないんです。インターネットでも各局それぞれのやり方で番組評価や反応をとっているようですから、それらを拾っていくことも可能でしょう。ただ、視聴率のように分かりやすく単純な数字で出る評価がないだけに、「俺の評価は違う」と言われればもう黙るしかないんですよ。

澤田　評論家が評論する世界があります。でも、テレビには、一番なじまないんです。なぜなら、評論家が番組を全部見られるわけじゃないですから。自分が選んで見て、書きます。でも読んでいる人は、その番組を見ていないことが多い。見ようと思っても見られない。これが難儀です。映画や芝居なら、何日間かやっていますから批評が成り立ちますが、テレビは同条件での再放送をやりませんから、その日に見損ねた人が見ようと思っても見られない。だから最も批評しにくいメディアなんですよ。

大山　ＮＨＫでは、各種コンクールの受賞番組が多い。そうすると必ず再放送、再々放送する。でも民放では、受賞しても、なかなか再放送させてもらえない。視聴率以外で評価された番組が目に触れる機会を増やすことも必要でしょうね。

広告主から見た視聴率とは？

植村　では、視聴率を使う立場の広告会社や広告主は、視聴率調査をどのように見ているのでしょう。

澤田　番組の企画会議では、広告主も広告会社も制作者もデータを持っています。広告主は独自のデータもとっていますから、視聴率だけを頼りにすることは少ないでしょうね。

植村　当然、世帯視聴率より個人視聴率を重視していますね。

大山　個人視聴率調査で問題なのは、世帯視聴率に比べて、性・年齢別に分けるとサンプル数がガクッと減ってしまうことです。しかも、煩わしいことに、自分でボタンを押したり消したりしなければならない。正確さに欠けるとの指摘もあります。そんなもどかしさもあって、今、オリコンなどが別ルートで番組の好感度を調べています。もちろん、各放送局もインターネットで独自の好感度などを調査している。それらのデータを総合しているのではないでしょうか。

澤田　たとえば今、パチンコ台のスポットCM（注1）がものすごく多い。あれだけスポットを打っているから、パチンコのお客さんが増えているのかというと疑問なんです。あのスポットはお客さんじゃなくて、パチンコ店向けなんですよ。

コンビニ業界では、メーカーの場所取りが盛んです。商品を陳列する場所を取るために新製品を出す。同じように、パチンコの世界も店に機械が100台あるとしたら、どの機械を入れ替えるかということが勝負になる。営業マンが店主に機械を入れてくれといくら頼んでも、それで入れ替えてくれるわけじゃない。で、テレビでスポット打って応援する。テレビのスポットと商売が直結している。それくらいシビアな業界なんですね。

大山　メーカーの営業が家電の量販店に行って新製品のセールスを頼むと、担当者が「お宅はテレビで何GRP[注2]（グロスレイティングポイント）打っていますか？」と聞く。そのポイントが多いと、メーカーが商品に賭ける意気込みがわかってメインの売り場を空けてもらえる。そういう意味でテレビ視聴率は、商品販売に関しては非常に影響力があります。

現在、テレビ局の売り上げの7割程度はスポットでしょ。70年代くらいまでは、タイム5割、スポット5割が標準的な民放の売り上げ構成比といわれていた。今はスポット料金は時価、高い視聴率の番組の前後は高くなる。低いと安くしか売れない。民放の視聴率主義はそこからきているんですよ。スポットを高く売るためには、番組の視聴率を上げなければならない。スポンサーがらみでこういうものをやりたいと局に番組の企画を持って行きますよね。すると、「大山さん、これはいい番組かもしれませんけれど、視聴率はとれそうにもない。低い視聴率の番組の前後のスポットもひきずられて安くなる。局全体の収入に影響するからごめんなさい」と断られたことが2、3回ありました。

澤田　内容重視の1社提供番組も少なくなりましたからね。タイムCMもスポット的な扱いで提供している。だから、広告主の考え方も変わってきている。制作者も視聴率が高くなければ番組が存続しないことを知っている。「どこか仕組みがおかしい」とみんなが思っているのではないでしょうか。

植村　景気が悪いから、長期契約の番組提供は敬遠されがち。タイムの提供スポンサーがスポット出稿にシフトしている。だから局としては視聴率に傾斜していかざるを得ないんですね。

「競争」が新たなパワーを生んだ

大山　他方で、制作者は、毎分の視聴率をものすごく重視して、演出面に活かそうと努力している。

澤田　各局、毎分視聴率とにらめっこしながら「正時またぎ」の編成を研究しています。他局の番組スタートが正時なら、数分前にスタートする。8時スタートの番組の裏番組は、8時をまたいで9時まで持っていく。時間を7時から9時まで2時間番組にする……。そんなことで視聴率が上がる。

大山　視聴率の〝功〟という点で言うと、テレビの新しい番組を生むパワーは常に視聴率競争の結果なんですよ。先ほど紹介したフジテレビの80年の制作部門統合も、制作と編成を一体化して、総力戦で面白い番組を作ろうとして、視聴率が上がり番組がまわり始めました。で、日本テレビは負けないように、若手を登用しながら視聴率をとるにはどうするかを考えて、『マジカル頭脳パワー!!』などのバラエティーを開発した。その結果、TBSが19年間トップ、次にフジが12年間トップ、それに負けるかと日本テレビが10年トップと攻守交代してきた（年間三冠王）。そして、今はまたフジテレビと日本テレビがトップ争いをしている……。

ですから、視聴率競争のプラス面としては、「視聴率で負けたから俺たち頑張ろう」と局全体で新しい番組作りに挑戦していく。これは間違いなくテレビ界全体を力づけた面があると思います。テレビ朝日の『ニュースステーション』（現『報道ステーション』）も、視聴率がとれていなかったら潰れていたと思いますよ。最初はヒトケタだったでしょ。「これはもうダメか」と思ったときに、フィリピンの政変（86年）があった。

植村　あの時も生中継の迫力で視聴者を釘づけにしました。

大山　ああいうことで生き返る。視聴率がとれなかったら、せっかくの新しい番組の芽は潰れていたでしょう。視聴率にはプラスの面もある。実際に視聴率をとった番組の作りや発想をマネするのではなく、高い視聴率を生んだ背景をきちんと考察して、視聴者が求めているトレンドやニーズを探ることが大事だと思います。それが「マーケティング」です。従来の番組にはないものを視聴者は求めている。テレビは〝日めくりカレンダー〟なんです。だから「同じものを見せられたら嫌だよ」と思っているところがある。日々人間の細胞が生まれ変わっていくように、テレビも日々変わっているところを見たいわけですよ。それを求めないで、過去のデータで過去の番組の残骸を見て作っているのが基本的な失敗の原因だと思いますね。

今は、みんな編成から発注されている。「この時間帯は、こういう人たちがターゲットだから」、さらに、「視聴率のとれる俳優をキャスティングしろ」と。企画より先に編成から注文が出るというんですね。

植村　作り手が作りたいものを山ほど抱えて、「作らせろ！」と言っている状態が一番ハッピーですね。

大山　だから、そういう人材を集めて育てることが、放送局にとって最も大事な仕事だと思います。今はそんな時代じゃないと言われるかもしれないけれど、「こういうことをテレビで伝えてみたい」という想いは制作者なら誰でも持っているはずなんですよ。それをテレビ番組という形で、どうしたら視聴者の心に届けることができるのかを追求していけばいいわけですからね。

経営理念を明確に

植村　こういう時代だと、和田勉さん、牛山純一さんや井原高忠さんといった個性的なクリエーターは、もう現れないかもしれないですね。そういう怖さはありませんか。

大山　局はそれぞれの特色を発揮して、得意技を中心にやっていくことを考えないと。みんな右へ倣えで、同じようなことをやるでしょう。金太郎飴現象。だから思いきって大胆に、このゾーンはこういう方向で行くという方針を出す。プロデューサーもディレクターも、自分の個性を主張して存在理由を明確にする。その順番を間違えないということじゃないですかね。

澤田　フジテレビは、バラエティーに関しては思いきってやっている。この間も、先のＢＰＯの意見書や公開シンポジウムを題材に番組化して、「さすが」と思いました。

外部からの意見にきちんと応えていく、そして、こうした試みが評判になっていく。根性がすわっています。テレビ朝日の『報道ステーション』も、多少たたかれても、はっきり局の姿勢が視聴者に見えている。

ＴＢＳもドラマ『ＪＩＮ－仁－』が当たって、それをどう新しいホームドラマにつなげていくのか。『Ｎスタ』もバラエティーに近いアナウンスをしていますが、ＴＢＳならもっと硬派のイメージでいい。視聴者はＴＢＳに甘さなど期待していないと思う。私が今、ＴＢＳで一番新しくて面白いと思っているのは、笑福亭鶴瓶さんの『A-Studio』。司会をやるだけでなく、ゲストの生い立ちをゲストに内緒で探って、自身でインタビューしてくるという構成で、やり尽くしたと思っていたトークショーの可能性を広げた番組です。ドラマ以外にもしっかりとしたものが生まれている。

編成の中で一つずつ、視聴者が求めているものにはっきり答えを出していけばいい。そうでないと全部が壊れてしまう感じがありますね。その物差しが視聴率ということになれば、何をかいわんやですが。

植村　編成の広義の定義で、「編成は経営の意思の表現だ」という言い方がありますが、個々の番組全部を含めて、編成は経営が考えなきゃいけないんですよね。

大山　そうですね。経営者というのは、利益を出す責任があるけれども、テレビというのは公共性とジャーナリズム性があって、日本人の精神あるいは実際の社会生活を支えている大事なメディアです。しかも番組というのは、個々の人間の精神と感覚に訴えるわけだから、いろいろな意味で健全でノーマルでなきゃいけない。それから、時代を先取りする挑戦的なトライの精神に富んでなきゃいけないと思う。

経営のトップになったら、〝我が事成れり〟ではなく、自分も日夜学び、社会でどんな役割を果たすべきかを考えていく。「社員も一緒に考えよう」「経営もちゃんと黒字にしていこう」と投げかけるべきです。単にモノや商品を作っているのではなく、人間の精神を扱う大事な産業なのだから、それを分かりやすい言葉で、常に語るべきだと思いますね。

植村　私はもう72歳になりましたが、OBでときどき集まると、「俺たちの時代はよかった。よく凌いだ。もうテレビはダメだ」という話しか出ない。でも、そうじゃないと思うんですよ。まだまだこれからです。

澤田　新聞記者が〝あこがれの的〟だった時代があります。「社会の木鐸」だと。「社会の中で自分たちはどうあらねばならないか」を考えながら報道するということがあった。その新聞が、メディアとしてのパワーがなくなると同時に、よく分からなくなってきた。ところが、テレビは新聞のように社会を動かす責任の重いメディアだと認められたことがないと思う。ずっとそういうプライドを持たないでやってきたような気がする。世の中から尊敬されないままでこのメディアが終わるんじゃないかと考えると、ものすごく悲しいですよ。

経営理念をはっきりさせて、社員に自覚と責任と自信を持たせるように導かないと、優秀なテレビマンは育ちません。

最初は「新聞や映画に追いつき追い越せ」と言って、それを今、果たしている。なのに、そこのところが抜けていて、みんな自信がなくなっている。今、テレビに携わっている人の中で「俺が社会を動かしている」と思っている人が誰もいないとすれば、あまりにさびしいと言わざるを得ません。

（2010年4月12日。一部敬称略）

注1：スポットCMは、番組と番組のあいだに流されるCM。これに対して、番組枠と一体として扱われるCMをタイムCMという。

注2：GRP（Gross Rating Point）。延べ視聴率のこと。視聴率1%に対してテレビCMを1本打つと、1GRPと数える。

第4章　制作現場のあるべき姿とは

外部プロダクション

植村　今回と次回の2回、テレビ番組の制作現場の実態をテーマにお話しいただきます。

大山　スタート当初、民放は自社制作番組を中心にフィルムものや海外の番組を買って放送していました。ところがフィルムからVTRに変わり、番組の種類も増え、規模も大きくなると、ビデオ番組の需要が増えます。それを専門とする制作プロダクションが1970年にスタートし、80年代に急速に増え、多チャンネル時代の90年代にさらに拡大する。現在、その数は1000社以上といわれていますね。

NHKもすべて自前で作ることからスタートしましたが、89年に一部を外部に開放して、制作会社が入り込む。大河ドラマや連続テレビ小説など伝統的な番組は自前ですが、外部による制作が増えてきた。2011年の完全デジタル化でBSが1波減りますが、それでも外部プロの参加を44％とイメージしている。

つまり、プロダクションの力がなければ、日本では局の番組編成そのものが成り立たない。ATP（全日本テレビ番組製作社連盟）の推測では、全民放番組の80％近くに外部プロダクションのスタッフが番組委託、派遣として入り込んでいる。

澤田　純粋に100％自社で作れるのはNHKだけでしょう。民放の場合、局のスタジオのサブ（副調整室）にはいろいろな仕事をしている人がいますが、誰がどこの会社の人か分かりません。開局から15年か20年ぐらいまでは技術、衣装、メイクにいたるまですべて社員でしたから、知らない人がいたらスポンサーか広告会社の人だった。いまはもう混成で、「外部スタッフ」といっても内容が違うんですよ。

植村　十数年も前ですが、ぼくらのころは、完パケ（完全パッケージ）発注が多かった。いまは、完パケより人材やスタッフ派遣という形態が多くなっている。

大山　著作権の問題がある。完パケ制作の番組は著作権的にプロダクション側に有利に作用するからです。そこで局はなるべく自局系列での権利を確保しようとして、制作作業を分散発注する。プロデューサーやディレクターなど主要なスタッフを分散化し、個別に契約することで、なるべく多くの権利を自分のところで保持しようとする。
番組全体を丸投げせず、パート別にふさわしい能力のあるスタッフを選んで、連合体を作ったという言い方もできますが、逆にスタッフ間の一体感とかコミュニケーションが生まれにくい欠点もあります。そういう形で番組作りを進めていくと、スタッフが育っていかないんですよ。アシスタントディレクター（ＡＤ）やアシスタントプロデューサーは、ある人にずっとついていくことでノウハウを学び、いろいろな発想を覚え、一人前に育っていくわけですから。

澤田　映画の世界では、「小津組」や「黒澤組」といわれるように、「なんとか組」を通じて育っていくシステムになっていた。個性のない人に「組」は作れない。われわれも手本は映画ですから、最初は「組」的なものが許された。ぼくがたくさんの番組を作れたのも、同じスタッフでやれたからです。そこで修業を積んだＡＤが次にディレクターになる。そんな形が永遠に続けばいいなぁと思っていたのですが……。

大山　確かに、若い人たち、特にＡＤが育っていかない。制作チームとしての同じ方向を向いたアンサンブルが生まれにくい。そういう空気は演じる側、つまり俳優たちにも伝わるんですよ。「このチームは気持ちいいな」とか「バラバラでうまくいっていないんじゃないか」と。結果、全体の仕上がりにも影響してくる。そこには、権利確保の問題ももちろんありますが、制作会社のうるさいベテランは入れずに、若手を多くして全体に仕切りやすいようにしたいという局側のプラス面で判断されて、仕組まれることもあるわけです。

プロダクション側から、こうしたら面白いとか、こんなディレクターを起用したいという前向きの発案がなされることもある。しかし、たいていは効率の良いディレクターや言うことを聞くディレクターが重宝がられる。そうすると、言われたことはやるけれど、それ以上にはみ出そうとしなくなる。ドラマなり番組のパワーというのは、考えたものよりも、いかにプラスアルファで膨らんでいくか——それが人の心を打つのですが、混成チームではそうした空気感がなかなか生まれにくくなる。

植村　番組論もないですね。昔は番組を1本撮り終えると試写室にみんなで集まって、侃々諤々すごかった。「ここのショットが違う」「カメラアングルが違う」「つなぎが1秒長い」「いや短い」……そんな話ばかりしていましたが、そういうこともなくなっちゃいましたね。

澤田　20年ぐらい前からでしょうか、プロデューサーがはっきりと自分の意見を言わなくなった。ダメだって言った番組が視聴率をとったりすると立場がなくなるからじゃないですか。どんな意見でも、勉強になるんですが……。

「TBS闘争」と東通

植村　お二人は、プロダクションの立ち上がりにはどのようなかかわりを持たれていたのでしょうか？

大山　ぼくのいたTBSでは、プロダクション制作の先頭を走っているような時代がありました。3代目社長の今道潤三さんがアメリカの放送界を見てきて、「アメリカでは放送と制作を分離している。だから日本も将来はそうなるべきだ」と早くから言っていた。ところが日本では外部で製作能力があるのは映画界しかなかった。だから新東宝がつぶれそうになると、すぐ新東宝の映画をごそっと買ったり、大映が経営的に苦しくなると、大映テレビのテレビ部門を別会社化した。新東宝の流れを受けた国際放映にも資本を出しています。

一方、当時、TBSの報道セクションは、硬派で反体制的な姿勢でした。社内は自由闊達の「政府や体制何するものぞ」という気風に満ちていた。

ベトナム戦争や日韓条約などに揺れた1960年代後半、成田闘争といって成田空港建設反対派と政府が争いました。そのときTBSの取材班が、取材車に反対派のプラカードを持った一群を乗せちゃうんです（68年3月）。検問に引っかかり、プラカードは凶器になり得るとされて、直ちに取り調べが始まり、それを聞きつけた自民党が「TBSは反対派に味方する報道をするのか」と突き上げる。

ベトナム戦争中には田英夫さんが北ベトナムに入り、いかにアメリカに抵抗しているかを『ハノイ　田英夫の証言』という番組で報道した（67年10月30日）。米軍や南ベトナム軍がいくら橋を爆撃しても、北ベトナム軍は南進してくる。そのわけは、夜になると小舟を並べてそこに板をわたして、大砲や戦車を通しちゃう。それを人海戦術でやるのをリポートした。それまで南ベトナムからの一方的な報道しかなかったのでインパクトがあった。自民党は面白くない。米政府に気を使って、「なんでこんな取材をする。けしからん」と言ってくる。

当時、そういう時代の中で萩元晴彦、村木良彦といった尖鋭的なドキュメンタリストたちが、『現代の主役』というシリーズをつくった。萩元さんは「日の丸」（67年2月9日、構成・寺山修司）という尖ったドキュメンタリーを制作しました。

植村　「あなたは日の丸をどう思う」「天皇制をどう見るか」と若い女性が矢継ぎ早に街頭質問していって、その答えだけをつないだんですね。

大山　それでTBSはますます「反体制的だ」というレッテルを貼られて、経営者としては、追いつめられて担当者を配転する。労働組合が強かったこともあり、こうして大規模な「TBS闘争」へと発展していくことになります。やがて、萩元さんと村木さんらが中心になって70年にテレビマンユニオンを創設するんです。日本における最初の独立系番組制作会社です。

植村　そのころ大山さんはどんな立場だったのでしょう?

大山　66年のドラマ『真田幸村』が低視聴率で、終わってから2年半、干されました。ちょうどそのころ、NHKが内幸町から渋谷に引っ越して、内幸町にあったスタジオが空いた。TBSが作った東通という技術会社は、もともとケーブルを捌くなど技術の下請けをしていましたが、天気予報などをやっているうちに、カメラワークもできるようになった。そんなとき、TBSが連続ストを打たれてゴールデンの番組がすっ飛びそうになり、フィルム番組で穴埋めをしたが苦労した。そこでTBSの経営陣が、ビデオでパッケージ番組を制作できる外部プロダクションを作らなければと思い始めるんですね。68年ごろです。スタジオが空いた、東通という技術チームもある、美術はもともと外部にもある。それで、「大山は注文の多いうるさ型の演出家だから、お前が演出してそれなりの番組ができるなら、東通を独立させたい」と。それでテスト版を作れと言われたんですよ。

内幸町のスタジオで30分番組ワンクールを2本作りました。『お金がこわい!』という連続ドラマ（林美智子主演）と『マイホーム'70』という、坂本九と八千草薫が夫婦役で、倉本聰さんなどの脚本です。仕上がりを見て、上層部も「これならいける」と、ビデオプロダクションを発足させようということになる。

もともと映画監督の木下恵介さんが有限会社として持っていた木下恵介プロダクションを、博報堂にも出資を募り株式会社にして、番組枠を一つ与える。同時に、電通を入れて作ったのがテレパック（70年2月）です。まず木下プロ、それからテレパック、テレビマンユニオン……発生理由は違いますが、ドドーンと打ち上げ花火的に3つのビデオプロダクションが立ち上がるんです。テレパックはゴールデンの2枠、石井ふく子さんが木曜20時台の『ありがとう』（70年、72~73年）、火曜日21時台には武敬子さんが後に『野々村病院物語』（81年）をやったりした。

それを見たフジテレビの鹿内信隆社長が71年、制作局を分社化・プロダクション化した。NET（現テレビ朝日）も、その年にニュース部門を朝日テレビニュース社（NET朝日制作株式会社と社名変更）にするんですね。さらに、イーストやユニオン映画ができる。先行したTBSの成功を見て、各局からビデオプロダクションが発生していったという流れではないでしょうか。

澤田　大山さんが東通を独立させる影の人だったんですね。

制作する側から言うと、技術はテレビ局が独占していますから、番組を作りたくて独立してもテレビカメラを使った番組は作れない。そのころ各局が競って参加した芸術祭のことで上司ともめてテレビ局をやめたドラマのディレクターがいましたが、舞台の仕事ぐらいしかできず苦労しているのを見ていましたから、独立といえば格好いいけど、自分たちはテレビ局から離れたら何もできないんだなと思いました。

それが映像機器の急速な改良と進化のおかげで制作環境は大きく変わりましたね。

関西でのプロダクション勃興

大山　その後、数年経って、ＴＢＳからテレパック社長になった石川甫さんが関西に行って、大阪でもプロダクションを作ろうということになりますね。

澤田　設立して1年ぐらいで制作プロダクションもやっていけそうだという見通しがついた。テレビマンユニオンは読売テレビの30分枠で『遠くへ行きたい』を制作しているし、関西でも各局がドラマ枠を2枠は持って制作していたところに目をつけたんでしょう。テレパックが大阪に支社を作る考えがあることが、東京に進出して日生劇場で「松竹現代劇」を制作していた松竹芸能の勝忠男社長の耳に入った。

勝さんは私と大阪東通の館彰夫社長に、力を貸せと……。館さんは70年の大阪万博で活躍した中継車と大阪で集めたスタッフを、これから大阪のテレビ局でどう使ってもらうかを考えていたところでした。ぼくは報道局で、局長から新しいニュースショーを立ち上げるべく指示を受け勉強中でしたから、面白いことが始まるなぁ……とは思ったものの、ぼくの一存ではどうにもなりません。

勝さんは在阪テレビ局の社長と会って、民放4局が出資してプロダクションを作る話をたちまちまとめてしまいました。これが「ビデオワーク」です。社長は勝忠男、役員には各局の編成担当役員が揃った。これで、石川甫さんは大阪進出を諦めたのですが、勝さんがぼくに構想を話したとき、吉本興業にも出資させたほうがいいと言ったのです。勝さんは大阪本社を任せていた長谷川専務にあいさつに行かせた。吉本の林正之助社長は「なんで勝が来ないんだ」と怒って、すぐ毎日放送と制作会社を作ってしまう。それが「アイ・ティ・エス」です。

こうして、勝さんのビデオワークとアイ・ティ・エスの2つの制作プロダクションが大阪に誕生し、後に関西テレビは子会社の制作プロダクションを、読売テレビはエキスプレスと提携するという動きになっていきます。

植村　そのビデオワークに、澤田さんはどんなかかわりを？

澤田　1972年の秋、編成局長に呼ばれて、「勝さんが新しい会社に君をぜひほしいと言っている。朝日放送も出資するから出向せよ」と内示を受けました。会社の方針には文句を言わずに従うという世代ですから、「ハイ」と。ところが、報道局長がぼくを出すのを猛烈に反対して辞令がストップしたんです。結局、年を越した73年の正月に朝日放送の原清社長から辞令をもらいます。「これから放送局は制作スタッフを増やさず、番組作りは外部にやってもらう。番組をどんどん出すから、君は新しいディレクターを育てるように」と励ましてくれました。

ビデオワークのオフィスは大阪東通の本部の隣の部屋で、スタッフは大阪東通の社員で朝日放送でもAD業務をしていた2人を選んでディレクターに、ADとして新卒の3人を採用、連日、番組作りのイロハから教える講習と実習に明け暮れます。その間にも、各局の深夜の時間帯の企画を作って提出するため、編成局長を訪ねプロデューサーを紹介してもらいます。あのころは、他局のプロデューサーやディレクターとはライバル関係で、お互いに名前と番組は知っていても、会って話をしたことがなかった。このとき、いろいろな人と知り合ったことは、楽しくもあり、後々役に立ちました。

東阪企画の設立

植村　社業は順風満帆でしたか？

澤田　企画を出してすぐに実現するとは思っていませんでしたが、ビデオワークの役員でもある各局の編成局長に持っていく企画ですから、実現する確率が高い。みんな寝る暇もない忙しさ、順風満帆とはこのことかと思っていたら、第1次石油ショックです。深夜11時からの放送は中止になったから、調子よく続いていた番組が全部中止。単発の企画をもらいに行くという苦労が始まります。

そんなときに、日本テレビの制作局次長になったばかりの井原高忠さんから電話がかかって「朝日放送やめたんだって？」「うちで番組作る気ない？」と。この電話がなかったら、おそらくぼくが東京で番組を作ることはなく、いずれ朝日放送に戻されて、いろいろなことをやって定年を迎えていたんだろうと……。井原さんには感謝しています。

ビデオワークに出向しているとはいえ、朝日放送の社員が東京の日本テレビの番組を演出するというのは、当時の状況ではあり得ないことだったのですが、大阪の局には出せる枠がないし、「ビデオワークに出資している読売テレビにネットされる番組だからいいだろう」と許可が下り、東京と大阪を忙しく往復して番組を作ることになります。

74年には日本テレビで引き続きレギュラー枠と『木曜スペシャル』などのスペシャル枠を石川一彦さんと、TBSのスペシャル枠や読売テレビの連続コメディーを東京制作で、NET8時台のレギュラー枠でバラエティーを演出するなど、次々とお呼びがかかるので、東京オフィスを作って本格的に番組制作会社として名乗りを上げたのです。当時、フィルムの制作プロダクションは枠をしっかり確保していたのですが、テレビカメラを駆使して番組が作れる制作プロダクションはそんなに数多くなかったこともあって、何とか次々と仕事がありました。

ところが、75年、「東京支社を閉鎖して出向を解く、朝日放送に戻れ」という連絡がきました。理由は、東京支社は忙しく、制作費も大阪の3倍から5倍で売り上げも大きいがコストもかかる。ぼく一人でやっているので、番組が終わるまで次の企画作業ができない。レギュラー枠が決まるのには時間がかかる。一つ間違うと赤字になるではないか、それなら大阪だけでやっているほうが間違いない。大阪で番組を作るスタッフも育ってきた、ということでした。3月一杯で支社を閉鎖ということは、スタッフも解雇せよということです。朝日放送の人事に電話して、ぼくはどうなるかと聞いたら、出向から戻ったら総務局付になるという。以後、63歳で定年退職するまで、ぼくは朝日放送では、ずっとその身分でした。

この通知があったとき、4月からの新番組がNETで決定して準備中、東京12チャンネル（現テレビ東京）でのスペシャル企画も通っていました。しかし、朝日放送在籍のまま系列のTBS以外のキー局で制作できるわけがない。どうしますかと迫りました。原社長に呼ばれて会いに行くと、大阪東通の社長もいて、「東京で朝日放送と大阪東通が出資して、新しい制作会社を作るから、そこで君は仕事を続けなさい」と。

そして8月、東阪企画という会社が設立されました。原社長が名づけ親です。社長も常務もすべてTBSから出向した東通サイドの人たちです。経理も営業も東通との兼務で、ぼくは「制作本部長」という肩書はあるけれど、また一人でスタッフ集めからのスタートです。ここで、いま東阪企画の社長をしている武井泉君との縁ができました。

このとき、ぼくは自分の中で仕事のルールを決めました。自分を育ててくれた大阪の仕事は条件をつけずに引き受ける。お笑いの仕事は断らない。スタッフを育てる。朝日放送制作の裏番組はやらない。これはいまだに守っている、原清さんに誓った約束事です。

　東阪企画の社長になったのは77年。東通が巨大化して大株主のＴＢＳが内部監査することになり、兼任の社長を減らすという事情で決まったんです。その年の決算報告のため斉藤武雄社長と朝日放送へ行って、原社長に報告を済ませると突然、社長が「澤田君もしっかりしてきましたので、社長を譲りたいと思います」と言い出し、原社長は返事に困って、「そうですか」と承諾してしまいました。突然押しつけられた社長ですが、やることは一緒。ひたすら番組を作っていたら、電通の花王担当の香川一郎さんのおメガネにかなって、78年、『花王名人劇場』（関西テレビ）の企画提案をさせてもらう。日本テレビの井原高忠制作局長が早朝の枠を報道から任されて、「企画出しませんか」と言われて提案した『ズームイン‼朝！』が79年3月、『花王名人劇場』は同年10月スタートと、東阪企画の正念場を迎えることになったのです。

自由な発想から生まれた番組

植村　『ズームイン‼朝！』のお話は、次回にうかがうことにして、こうして制作プロダクションは、放送史の中で重要な役割を占めるようになります。

大山　時代を先取りしたり、時代を代表する番組は、制作プロダクションが関係していたものが少なくありません。

テレビマンユニオンで言えば、『欧州から愛をこめて』（75年12月、日本テレビ、演出・今野勉）というドキュメンタリードラマがありましたね。

植村　ドキュメンタリーとドラマを融合させた作品でした。旅番組の草分け『遠くへ行きたい』（読売テレビ、70年～）、公開形式のクラシック番組『オーケストラがやってきた』（TBS、72～83年）もテレビマンユニオンです。

大山　木下プロの『木下恵介アワー』はTBS木曜日の22時台でしたが、「人間の歌シリーズ」といって山田太一さんや田向正健さんなどが脚本を書いて、本当にヒューマンな、いいドラマ枠だった。山田さんの話題作となった『それぞれの秋』（73年）も、この枠です。独立プロの力を示したといっていいと思います。

イーストでは、ホンダ1社提供のトーク番組『すばらしき仲間』（中部日本放送、76～92年）、そのあと『世界まるごとHOWマッチ』（毎日放送、83～90年）という、旅番組でありクイズでありグルメでありという番組を開発していきます。

そしてテレビマンユニオンが『欧州から愛をこめて』の実績をふまえて、大きな番組を作り、日立スペシャルへとつながる。

植村　それまでのドラマの常識を超える3時間一挙放送の長時間ドラマ『海は甦える』（77年8月、演出・今野勉）ですね。

大山　石油ショックがあり、スポンサーがちょっと退いたとき、電通としては新しいスポンサーを開拓しなきゃならない。そこで、テレビマンユニオンと組んで大スポンサーの日立をターゲットに、従来の商品宣伝よりも企業宣伝と広報的な役割の番組をやらないかと「3時間ドラマ」のコンセプトを作ってTBSに持ってきたんです。最初は1時間半ずつ、2夜でやろうと言っていたのを、TBSの編成局長が3時間ぶっ通しでどうだと、当時にしては破天荒な時間取りですよ。

植村　仲代達矢、吉永小百合、加藤剛と、下手な映画よりもはるかに豪華なキャスティングでしたね。

大山　江藤淳の原作で、山本権兵衛を主人公にした日本海海戦前夜の話ですが、これが視聴率的にも30％近い好成績を収めました。こうした試みを続けたことで、テレビのイメージを大きく変化させ、充実させていったと思います。そのときのスポンサーの日立が現在の『世界・ふしぎ発見！』（TBS、86年〜）までつながるんですよ、日立の単独提供で25年以上続いているわけです。

テレビマンユニオンは、その後も『アメリカ横断ウルトラクイズ』（日本テレビ、77

～92年)、『世界ウルルン滞在記』(毎日放送、95～07年)などを生みます。海外取材で、なおかつダイナミックな内容の展開というのは外部プロダクションが意識的に開発していった努力の賜物で、テレビ史に残る番組を生み出したという気がしますね。

澤田　テレビマンユニオンが初の3時間ドラマ『海は甦える』をやったとき、大山さんが、「なんで局の演出でやらせないんだ」と怒ったとか聞きましたが。

大山　ええ。それで、2番をやりたいと手を挙げたわけです。『風が燃えた』(78年3月)という伊藤博文のドラマをやって、視聴率でテレビマンユニオンを抜いた。そこで第3作、4作と続けて作って、3作目の高橋是清を抜いた『熱い嵐』(79年2月)、これが実はぼくの生涯で最高の視聴率38・4%なんですが(笑)。

澤田　そのとき、ぼくはプロダクションの側に身を置いていますし、テレビマンユニオンの番組のお手伝いもしていましたから、この競い合いには興奮しました。萩元さんは「プロダクション側でスポンサーをつかまえてきたんだから文句ないだろう」と胸を張っていましたよ。このときが一つのターニングポイントでしたね。

大山　TBSがまだ元気だった時代だし、特にドラマの勢いがよかったから、いい時間帯には既存の動かないスポンサーがいるわけですよ。新しいスポンサーが手を挙げても、なかなか放送枠に入り込めない。思いきった内容で、番組そのものが話題になるものを作っていかないと編成に入り込めないというので、ゲリラ的というか、挑戦的な企画をぶつけていくことになった。それがテレビ番組のイメージを広げたり、次のステップへ持ち上げていく躍動感をもたらした。

「編成の時代」が生んだもの

植村　そういう意味では、いまプロダクションはあまり元気がないんじゃないですか。「これはプロダクションが作り出したものだ」という実績は……。

大山　いまマクロで非常にシビアな経済状況があり、それから視聴率が収入に直結する時代になりました。面白そうだけど視聴率が危ぶまれる番組は、局としてもなかなか手を出しかねる。ですから冒険する編成マンがいなくなっているという現実もありますね。

澤田　そのころから編成が強くなってきたんですよ。それまでは、どちらかといえば番組企画が先、プロデューサーの時代だった。

大山　プロデューサーやディレクターが企画を作って、これはどうだ、と提案する。「分かった」といって、編成は持ち帰ってどの枠がふさわしいかを検討するっていう形ですね。

澤田　それが編成主導型になって、編成が「こういう番組を作りたい」と考えたときに、その手駒として局の制作部門だけでなく、プロダクションを使ったほうが何かとやりやすいということになった。

大山　どうしてもアメリカに見習うところがあって、フレッド・シルバーマンという、3大ネットワークをわたり歩いたすごい編成マンがいたんですよ。そういう影響もある。テレビ朝日が『ルーツ』（77年）というミニシリーズを輸入して、それで当てたりした。

植村　8夜連続、ゴールデンタイムに帯編成するという。

大山　「これからは編成の時代だ」って、実績を挙げた局が大きな声で言うようになった。

植村　いま、番組制作のリーダーシップを取っているのは編成ですか？

大山　というより、「取らされている」と言ったほうがいいでしょうか。

植村　そうすると、局内外を問わず制作陣の士気は下がっていきませんか。

大山　メディアはどういう役割を果たさねばいけないか、社会の流れの中でテレビはどういう位置づけでなければならないか、あるいは局はどういう個性を売り物にすべきなのか。そういう大所高所に立った視点はまったく生まれなくて、目の前の番組がどうしたら視聴率をとるか、このタレントを連れてこよう、あるいはこのコーナーを増やそうといったことに忙殺される。実践的と言えば実践的なんだけど、矮小と言えば矮小、小さなことにかかずらわってね。

植村　正時またぎの編成とか、そんなテクニックばかり。

大山　メディアの力を最大限発揮するにはどうしたらいいかとか、魅力ある番組開発はどうすべきか。真剣に考えてほしい。ＮＨＫにはまだ少し展望があります。ＮＨＫの人たちと話すと、受信料制度でみなさんからお金をもらっている、だからそれにどうしたら応えられるか、メディアはどうあるべきか、あるいは日本の放送はどうあるべきかを真剣に考えていることが分かります。いまの民放は、どうしても目の前の数字との戦いに終始している感じです。

澤田　だから視聴率のとれるタレントのとり合いになる。タレントのとり合いは昔もあったけど、視聴率がとれるということではなく、「何かができるタレント」の獲得競争だった。まず企画ありきで、この人をどう使おうかっていうことを常に考えていたのですが……。

大山　ドラマでも、企画のコンセプトや内容より、誰がつかまえられるかがポイントなんですよ。つまり内容はその次。実績主義で、この人とこの人はつかまりました。じゃあお願いしますっていうふうにね。

プロダクションが抱える厳しい現実

植村　お二人は、制作プロダクションも主宰されているわけですが、悩みなどございますか。

大山　プロダクションは、受注量・受注額が安定しません。計画生産ができないんですね。もう一つは、有能な人材を確保しにくい。こんなご時勢で、いまはますますそうなっている。若くて有能なのが一番いいのですが、将来を託せる、あるいは中堅で頑張ってくれそうな人たちが確保しにくくなった。ATPに聞くと、働き盛りの30代がごそっと抜けていくのだそうです。業界に対して、先行きの行き詰まり感が伴うのか、徒労感があるのかは分かりませんが、この穴埋めが非常に難しくなってきている。

もう一つは著作権の問題。委託制作の場合は完全に対等で局と分け合うべきなのですが、どうしても力関係が働いて、最初に述べたように局が優位な立場を占めることが多い。

澤田　総務省がテレビ局とソフト制作者の団体を集めて、3年かけてテレビ局の優越的地位の濫用の実例をいっぱい挙げて、それをしないようにというガイドラインを作りました。

大山　ガイドラインはできたものの、値切ったり、途中で打ち切ったり、追加注文したけれど払わなかったり、契約書をなかなか発行しなかったり……対等に契約したときに行うべき行為が行われていない。上位に立つ局と、どうしても下に位置するプロダクションという関係の中に身を置かざるを得ない。この環境は何としても、徐々にでもいいから変えていかなければなりませんね。

澤田　局はモノを作るアイデアと予算は持っていますが、直接的に番組を作る機能を失っている。それなのに、番組を作っている制作プロダクションには何の権利も残らないような契約になっている。

ATPが社団法人になったとき、理事会でまず作り手であるわれわれの著作権の主張から始めましょうといったら、村木良彦さんが「われわれはテレビ局に放送権を譲渡したのであって、著作権は作り手にある」って言ったので、本当にびっくりした。そういう考え方があるのかと。で、理事長だったぼくはこの論法で局側との交渉に当たった。抵抗はありましたよ。だけど当時のテレビ局はどこも「放送権の譲渡」を認めてくれて、放送後、著作権が戻ってくるようになって、いい作品は地方局で再放送されたりして収益を計算できるようになった。で、10年ぐらい前までは、局の出席する会合があると、局側のあいさつには決まって「イコールパートナー」という言葉が聞けた。

ところが5年ほど前から、雲行きがおかしくなっている。何だろうと思ったら、スタッフの派遣が増えて、いつの間にかプロダクションには著作権がないことになってしまっているんです。番組作りの現場にスタッフが派遣されているだけだから、もはや共同制作じゃないんだという理屈です。調べたら、大手の制作プロダクションが別会社をこしらえて人材派遣をやっていた。収入になるからです。放送局にも直接人材を派遣している派遣専門会社もできた。

大山　放送界にも人材派遣業が進出してきて、プロダクションの著作権が崩れつつあるとしたら、ぼくらがいままで「制作者に権利を」と言ってきたことは、いったい何なのだということになりますね。

澤田　意味がまったくなくなった。これはえらいことになる、何とかしたいと思いながら、いまだに打つ手がないんですよ。派遣法はうまくできていて人件費の下限があるんです。だから最初はありがたい。だけど、安いところにどんどん切り替えていけば、差額で会社を経営していけるけれども、スタッフの質は明らかに悪くなる。資金繰りの問題もあって、背に腹は替えられないという心境で、いかにして人間を売って儲けるかということになる。みんながみんなやっているわけじゃありませんが、断れば番組をはずされる。こんなことをしていたら、結局、将来はみんなダメになるね。

植村　経済的にはどうですか？

大山　苦しいですよ。ドラマの場合、契約して実際にお金が支払われるのは番組を納品して数カ月後です。ところが4、5000万円単位の金の動かしとスタッフ費、それからロケハンなど実際の制作に関する費用というのはプロダクションの負担ですから、ある程度資金的な余裕がないと回っていかない。

澤田　最初のころには、「君ら金ないだろ、なんぼいる、予算を出せ、半分先に渡すからそれで作れ、出来上がったら半金払おう」というような感じだった。1時間番組や大型番組が増えて、だんだん金額が増えてきたときに、ある局がある日突然、支払いを納品3カ月後にしたんです。それがあっという間に民放全体に広まって、プロダクションは資金がないから動けなくなった。

大山　だから銀行から借りることになる。

澤田　日本中が、銀行から借りるような会社じゃなきゃダメだという方向に進んでいたころだから、そういうものだろうと思っていた。だから銀行が貸さなくなると、たちまち危なくなる。ぼくが組合を作ったのもその対策です。番組を3本も4本もやっているところは、常に前金がいるわけでしょ。

大山　そう、前金がなければ、番組は動き出せないですから。

澤田　根底にある問題は番組制作費の安さです。われわれには電波料がないから、局制作と同じ予算でやれるわけがない。わずかばかりの利益を確保するために、工夫して2本撮りすると、それが当たり前になってしまう。プロダクションのスタッフは過重労働になるけど、タレントのほうは、倍仕事ができるわけですよ。だから、作り手のつらさに理解がない。

大山　広瀬道貞民放連会長は、局とプロダクションはイコールパートナーである、同じ船に乗った同じ乗組員だとおっしゃっている。給与も待遇も権利もずいぶんと格差があるこの現状を、NHKも巻き込んで何とか関係者みんなで話し合い、力を合わせて番組制作者の環境を少しでも改善していくために旗をふっていただきたい。そうしなければ日本の放送文化の先は暗いですよ。

国を挙げた人材育成と産業振興を

澤田　ここへきてテレビも先行き不透明。民放は各局、番組制作費・人件費も含めて経費削減。それがどういう形で番組制作に反映しているかというと、まずギャラの高い人が切られました。さらに今度は、演出料の高いディレクターはもういらん、若手でいいと言われる。若いディレクターは、その責任におののきながらも、プロデューサーのキャスティングしたタレントに媚を売りながら、一人勝手にレースをしているみたいな……。これがいまのバラエティー番組制作の実態です。そういう状態で番組が作られ、放送されているわけですが、それを視聴者が面白いと思って見ていればそれでもいいではないかという考え方も、もちろんあるわけです。

植村　制作プロダクションは、もう従来のビジネスモデルでは成立しないといわれますが。

大山　プロダクション大手、たとえばＮＨＫエンタープライズの売上は４６０億円、共同テレビジョンが１８０億ぐらい。地方局よりもはるかに水揚げが多い。テレビマンユニオンが60億ぐらいでしょうか（電通総研編『情報メディア白書２０１０』より）。

こんなふうにプロダクションも大きいところと小さいところに分化している。

澤田　50億以上あるところが数社と、10億程度のところが数十社と、ほとんどがずっと下と……。

大山　日本として映像ソフトを海外に供給する土壌をどうしていくか……行政や広告会社の力を借りながら、国を挙げて真剣に考えないといけないですよ。

澤田　今村昌平さんが主宰した日本映画学校（現・日本映画大学）の卒業生が、いま監督としてずいぶん活躍していますね。テレビも放送専門の学校を出た人たちがどんどん来てくれて、すごいディレクターになってくれるといいのですが。

大山　いまの若い人には、放送に情熱を賭けてみたいとか、職業人としてこの業界に入りたいという強い思いが少なくなっている。銀行も商社もテレビも単なる職業の選択肢の一つで、たまたまマスコミだったという人が多いらしい。だから、日本の大衆文化の中核的存在のテレビジョンにかかわらせたいという強い訴えかけをメディアの側から若い人にしてやらないと……。

澤田　労働条件が悪いから来ないと言いますが、その悪さを超えるだけの魅力が仕事にあれば必ず来ますよ。自分の手で魅力のあるテレビ番組が作れなければ絶対に来ない。

るから。

植村　人材採用については、採用する側がクリエイティビティという尺度で採っていないんですよ。オールラウンドに優秀な、一般のサラリーマンとして採ろうとしてい

大山　韓国では、魅力的な映像ソフトを供給できる人材を持続的に育てていくための施策に国を挙げて取り組んでいます。それが10年かかって、ドラマの韓流ブームになっているわけです。映像ソフトの振興は、国の施策として本腰を入れてやらなければならない。総務省が、いまごろになって突然、「映像ソフトの海外流通がアメリカに比べて12分の1しかない、海外流通力を高めるために尽力してほしい」などと言い出している。しかし、それは行政が中心になって国として取り組まなければならないことではないでしょうか。

そういう順番があるのに、「お前たちの努力が足りないから海外に番組を売れない」「せっかくの宝の持ち腐れだ」と総務省の担当役人は言い出す。それで日本で国際ドラマのコンテストをやろうって……。でも、著作権の大半は局が握りしめている。目先の利に敏い放送局は、2次利用・3次利用にそれほど情熱を持たない。放送したことで、すでに制作費はリクープ（回収）し終わっているわけだから。したがって、局とプロダクションがきちんと権利を分かち合って、流通の窓口もちゃんと二つあれ

ば、それぞれがうまく機能するはずではないでしょうか。

澤田　テレビ史をあらためてたどると、映画界に負けないようなすごい人たちが次々に生まれている。しかし、いかんせんテレビ番組の数がめちゃくちゃ多いから、どうしても粒立たないんです。最大のマスメディアなのに、テレビ番組のすべてをみんなが見られるという方法はない。それに、同条件では見られない。「これがいいから」と言っても、みんながわっと見るようなメディアじゃなくなってしまった。賞をとった番組を見ようと思っても、映画のようにはいかない。

メディアの数が増えたため、逆にテレビは見るのがとても難しいメディアになっている。だからいいものを作って見てもらおうと思う人にとっては、ものすごく不便なメディアになっている。

大山　だから、テレビ全体の魅力が落ちて、マンパワーや制作者の能力も低下したのかというと、そうでもない。ＡＴＰ賞、芸術祭賞、放送人グランプリ、民放連賞、ギャラクシー賞などにエントリーした番組を見ると、やっぱりいい。

特に、地方局のドキュメンタリー番組に多いんですが、キー局と二ケタも違う制作費で作っているというんですよ。キー局がジェット機クラスの制作費だとすれば、ローカル局はプロペラ機クラスだと。つまり５００万円でキー局が作っている番組を、

5万円ぐらいで、一人でカメラを回してインタビューもとり、構成も編集もやって……しかも月日をかけて作り上げる。予算がない、人がいないと言いながらも、本当にこつこつと足で歩いて、地方の抱えている介護や格差、高齢化というテーマで、いいもの、心に響くものを作って地元の人に感謝されている。しかも、レギュラー番組も担当しながらですよ。こういう人たちが、厳しい条件の中で日本のテレビ文化をしっかり支えている。ここにこそ「放送人魂あり」って、心強く思うんですよ。

（2010年6月11日。一部敬称略）

第5章　制作現場に夢を取り戻すために

『ズームイン‼朝！』誕生秘話

植村　今回も番組制作現場の問題を取り上げます。そのケーススタディとして、澤田さんが東阪企画の初期に手がけられた『ズームイン‼朝！』（日本テレビ）の成立についてうかがいたいと思います。この番組は、番組制作会社が生の情報ベルト番組に主体的にかかわる先駆けとなりました。

澤田　生放送をプロダクションに任せることは、それまでありませんでした。また、当時、制作会社がテレビ局のスタジオで番組を制作できなかったんです。ぼくの東京での最初の仕事は日本テレビで、人気のあったフォーリーブス主演の『とことんやれ大奮戦！』（73～74年）でしたが、テレビ局のスタジオは局の人間しか入れない聖域でしたから、東京近郊の貸しホールの公開録画でやるしかない。かなりきつい条件でした。

ぼくが朝日放送で手がけた『てなもんや三度笠』(62〜68年)や『スチャラカ社員』(61〜67年)も公開録画でしたが、それまでの舞台中継スタイルではなく観客を映像に写さない米国の『アイ・ラブ・ルーシー』(51〜57年、テレビドラマにおけるシチュエーション・コメディーの代表作)と同じスタイルだったので、どんなふうに制作しているのかと、東京のテレビ局から見学の申し込みがよくありました。

ぼくの手法でやらせてくれるならなんとかなるだろうと、スタジオを使えなくても中継車と舞台の広いホールさえあればやれます、と引き受けちゃった。このときプロデューサーだった井原高忠さんが制作局長になり、平日の朝7時台の改革を任された。それまでは報道局の担当で読売新聞の元記者・秋元秀雄さんがキャスターのニュースショーを放送していたのですが、この視聴率が芳しくなかった。井原さんから「企画を出しませんか」と声をかけられ、ぼくが出したのが『ズームイン!!朝!』です。

植村　企画提出は各社の競合だったんですね。

澤田　そうです。ぼくのコンセプトは「朝から元気でやろう」。それまで「朝は静かに」というのが一般的でしたが、調べると、日本人の7割は7時に起床している。だったら朝から元気になる番組がいい。各ネット局のキャスターが「ズームイン！」って画面に向かって叫ぶ元気いっぱいな番組をやろう。コンセプトはそれだけ。

採用されて、「これをスタジオでやろう」ということになったので、「スタジオで生放送をぼくがやって本当にいいんですか？」と何回も聞いたのですが、「問題ありません」と井原さんが社を説得して実現した。井原さんとチームを組んできた仁科俊介プロデューサー、齋藤太朗《たかお》ディレクターに私が加わって企画を固め、スタッフは日本テレビの社員と東阪企画の合同チームということで、1979年3月にスタートしました（月〜金、7時〜8時30分／2001年10月から『ズームイン!!SUPER』にリニューアル。2011年4月より『ZIP！』）。

植村　麴町のサテライトスタジオからの放送でしたね。

澤田　当時、新築された南本館の玄関脇にガラス張りの資料室があったんです。テレビでもラジオのようにサテライトスタジオから生放送できないかと考えていたので、「ここを使えませんか」とお願いしたら、井原さんが即座に「いいよ」と。

日本で最初のテレビ局の資料室だから、第1号のテレビカメラや開局当時の機材や写真が綺麗にディスプレイされていたのを全部出してもらって、スタジオ仕様に改造することになりました。よくやらせてくれたと思います。でも、「マイスタ」と名づけられたあのサテライトスタジオは、その後も日本テレビの顔として、生放送で早朝から夕方まで使われましたから、十分ペイしていると思います。

奥にラックを並べて、モニターや送り出しのビデオを置いて、全体をベニヤで囲って黒く塗ってもらい、前に調整卓を置くと、最先端のサテライトスタジオのようにカメラに写りました。でもカメラは動き回れないし、天井をはがしても照明を高く吊れないので熱がすごい。夏になったら、どうしようかと考えていたら、放熱しない照明器具が開発されて助かりました。難問続出でしたが、小型中継車の開発、マイクロ（マイクロ波送信機）の小型化、衛星の使用……など、機材がどんどん進化していく時代でしたからよかった。90分番組ですからスタッフも多く、スタジオが狭いので床に座ってオペレーションしたり、自分の居場所を確保するのが大変でした。

植村　それまで民放の生番組でプロダクション制作はなかったですか？

澤田　プロダクションは、完パケ番組だけでしたね。

植村　外部に任せる決断をしたということは、それだけ澤田さんの実績と才能を買ってくれたということですね。

澤田　決め手は、ぼくが朝日放送に籍がまだあったという信用、それだけのことですよ（笑）。

植村　技術機材は全部、日テレのを使ったんですね？

澤田　スタジオもカメラもすべて日テレです。キャスターには徳光和夫さんを起用しましたが、最初「プロレス実況のアナウンサーにニュースは読ませられない」なんていう意見もあって、ニュース原稿が来ない。ニュースのコメンテーターとして前の番組のキャスターだった秋元秀雄さんがいるので、担当のぼくとしては、どうしようかと考えていたら、スタジオの裏が通用口で郵便受けのポストがあって新聞の早版が全部届いているのに気がついた。その新聞を全紙持ってきて、秋元さんと「どのニュースいきましょうか？」って始めたのが、新聞を壁に張って紹介する〝早読み〟コーナーなんです。

植村　いま、どこの局でもやっている元祖ですね。

澤田　当時はいまみたいに拡大コピーがなかった。でも、カメラが寄ればいいじゃないかって……。いま、ニュースショーで大きなボードにした新聞記事を見ると、「金かけてるなぁ」と思います。

ともあれ、プロダクションには生番組を任せないというそれまでのルールを『ズームイン!!朝！』がぶち破ってくれたことが、その後のニュースや情報系番組にプロダクションが積極的に関与できるようになる下地になったことは確かだと思います。

地方局を育てたリレー形式

植村　系列各局からリレー形式の入《い》り中《ちゅう》（ネット局から入ってくる中継）というスタイルも画期的でした。

澤田　そう。まず日本テレビのネットワーク担当者がネット局との連帯が強固になったと、ものすごく喜んだ。もう一つはネット局にスタッフが育ったということですね。

ただ、当時はマイクロを飛ばすのに、局のアンテナが見えないとダメだったんです。毎日、取材・中継班と一緒にマイクロチームが下見ですよ。望遠鏡で見ながら、ここからなら撮れるな、とか。東京は新宿の京王プラザホテルが壁になって、その向こうの世田谷や杉並からの中継が一切できなかった。そこで、京王プラザの上にパラボラを立てて、2段中継ができるようにするなど、東京中から生中継できるようにしました。

地方も同様で、あの町でいい祭りがあるから送れとリクエストすると3段中継になるとか、もう大騒ぎ。まず企画を考えてからマイクロチェックをやるから大変ですよ。だから、当時は中継班のボスが一番偉かった。その人が「ノー」といったら「ノー」

なんです（笑）。でも、みんながんばってくれました。いまは衛星を使えるようになって、どこからでも中継できるようになりましたが、そういう昔の苦労を、もう誰も知らないんですよ。

植村　『ズームイン』は地元ネタを全国に上げられるということで、ローカル局の制作力向上や人材育成にも貢献しましたね。

澤田　ひとネタを3分と決めて、途中でも切って次の情報へバトンを渡すというルールを決めたのは、『ズームイン!!朝！』の前のニュースショーで、1局が押したために1週間ぐらいかけて中継の準備をしていた次の地方局の分がカットされることがよくあって、生放送の中継番組には協力したくないという地方局が多かったからです。

地方局としては、1回でもそういうことがあると地元での評判が落ちるというリスクがある。このルールを厳守することで番組はうまく流れましたが、途中で切られたほうは文句を言いたくなる。だからマイスタのディレクターは大変だったと思います。

植村　地方局はネタ探しに苦労されたのでは？

澤田　最初に「ネタは3分」と決めたとき、短すぎるという文句がディレクターからありました。でも、3分って短いようでじつはたっぷりあるんですよ。だから3分でいける方法をいろいろと指導しました。

中には、「1年間もネタがもたない」って言う局もありました。それで、歳時記から何から全部調べて、1年間の行事を集めてその局に送り届けたこともありました。ディレクターにとって大きかったのは、特別なイベントではなくても、町のたたずまいでも、その辺のおばさんでもネタになるということを発見したことでしょう。この番組で生まれた地方局のディレクターとの交流が、後々のぼくの仕事や自分の人生のプラスにもなりました。

報道系番組へのプロダクションの参入

植村 番組上の澤田さんたちのクレジットは？

澤田 日テレの齋藤太朗さんとぼくが総監督。仁科俊介さんが制作。そのうち東阪企画のプロデューサーやディレクターが名前を出すようになりました。だから、プロダクションの地位向上に多少は役に立てたのかな。

植村 視聴率の推移はどうでしたか？

澤田 7時台はNHKのニュースが圧倒的に強かった。そのニュースが終わると、こちらは徐々に上昇カーブを描いていったのですが、8時15分になるとNHKの「連続テレビ小説」があるからドーンと落ちる（笑）。どんな企画を持っていってもダメでした。番組の視聴率は全体の平均ですから、最初と最後でダメだと90分番組の平均視聴率は低い。後ろがダメなら前を上げるしかないって、6時台の生番組を提案したんですよ。それで6時45分のニュースをはさんで、『ルンルンあさ6生情報』を女性アナウンサーの井田由美さんをキャスターに、東阪企画の制作でスタートさせることになった。

それによって、日本テレビの朝のニュースがよく見られるようになり、報道局も力を入れだして、朝のニュースが変わるという副産物も生まれました。最初は、報道局でプロデューサーとニュースの打ち合わせをしようとしたら、外部のものは報道の部屋に入れないって言われたんですから。

あと、徳光さんを使って『ズームイン!!選挙』もやりました。選挙というのは、報道局の一大イベントで、聖域だったんです。じつは前の年にフジテレビが『唄子・啓助のおもろい選挙』というのをやって、視聴率をとったんですよ。その頃、ニュースといえば、NHK、TBS、日テレで、フジは全然ダメだった。『唄子・啓助のおもろい夫婦』（69〜85年）はフジの看板番組だったんで二人をスタジオに立たせただけなんですが、これが視聴率をとった。それなら『ズームイン!!選挙』もいいだろうとやってみたら、これがまた視聴率をとった。はじめはニュースも読ませないと言われていた徳光さんに選挙がまかされた。ついにここまで来たかって、達成感がありましたね。

「ワンポイント英会話」のウィッキーさんの人気が高校生の間で高くなったり、地方のキャスター人気が話題になったり、視聴率も徐々に増えて……といっても、NHKにはなかなか勝てなかったんですが、最終的には20%とるようになりました。それで地方局では話題になる局も増えてきた。でも、大阪だけはどうしても上がらない。大阪はもともと地元の話題が好きなんですよ。タレントもそうだし、野球は阪神タイガース。だから、大阪では視聴率がとれていないネット番組って、じつはいっぱいあります。『おはよう朝日です』(79年〜)という朝日放送がやってる大阪ローカルの裏番組にどうしても勝てない。これね、朝日放送の原社長とたまたま飛行機でいっしょになったときに、「今度『ズームイン!!朝!』という番組をサテライトでやります。テレビ局はもっと町に出るべきです。これからはサテライトの時代ですよ」と報告した。しばらくしたら、大阪タワーの展望室にスカイスタジオを作って、朝の番組を始めちゃった。次にお会いした時、「どうだい、テレビ塔の上につくるっていうアイデアはいいだろう」と言われたときは、しまったと思ったんですが、これが強くて、読売テレビがどうやっても視聴率がとれない。大阪はもう地元が絶対強いんです。

植村　『ズームイン』の成功で、他局でもその種の番組がたくさん出ましたよね。

大山　報道系番組に外部プロダクションが入ってくるという点では、後に『ニュースステーション』（85〜04年、テレビ朝日）が成功しました。地方局でも1980年代の半ばから地域密着型の朝ワイドを独自に立ち上げるようになり、続いて夕方に自社制作のローカル生ワイドを開発していった時期がありました。『ズームイン』は、いわばその先鞭をつけたといってもいいと思います。

TBSからKAZUMOへ

植村　澤田さんは朝日放送在籍のまま東阪企画を立ち上げられ、各局で数々のヒット番組を生み出されたわけですが、大山さんはTBSを定年退職されてから、92年にご自身の制作会社「KAZUMO」を設立されました。

大山　TBSでは、私の期から定年が55歳から60歳に延びることになったんです。それで、5年間どうするか。上からは「若手の面倒を見てほしい」と、例えばテレパックの社長にという話もあったのですが、何人かの方から、「やるなら更地からやったほうがいい」というアドバイスもあって、5年待って独立しようと思っていたのです。
この間の89年には昭和天皇崩御、天安門事件、ベルリンの壁崩壊と世の中が大きく変わっていく時代でした。一方、ドラマの世界では、三谷幸喜さんが『やっぱり猫が好き』(88~91年、フジテレビ)という不思議なテイストのドラマで話題になり、映画監督の岩井俊二さんが『打ち上げ花火、下から見るか?横から見るか?』(93年、フジテレビ)というドラマで日本映画監督協会新人賞を受賞した。テレビ番組で監督協会が賞を出すなんて珍しい。そんなふうに、少し変わった新しい才能が出始めて、ぼく自身も『ふぞろいの林檎たち』のパート3をやることになり、これが91年のギリギリまでかかったことから、局内から様子を見ていたということもあります
89年には、NHKで島桂次さんが会長になり、いわゆる衛星放送構想をぶち上げる。BS1と2、さらにハイビジョンをやると。そこで、NHKエンタープライズ、同ソフトウェア、同エデュケーショナルなど関連の制作プロダクションをたくさん作る。「そのうちNHKもソフトが足りなくなるから外部の力を頼る」という声も聞こえてきたので、NHK出身者と組むのも面白いと思いましたね。
ぼくの郷土、鹿児島の先輩、川口幹夫さんはNHKの専務理事からNHK交響楽団の理事長になっていたのですが(91年、島桂次氏の後継で会長に就任)、独立に際して、

「ＮＨＫでどなたかいい人と組ませてください」と相談して、結局、日本映画テレビプロデューサー協会の仲間だった川村尚敬《なおのり》氏と一緒に独立したんです。

川口さんからは、「ＮＨＫは先々、いろんな意味で外部プロダクションに力を借りなきゃいかんから、大山君もそういうところでぜひがんばってくれ」というエールをいただいて、７人でスタートしたんですよ。

資料を見ると、多メディア時代に向けて、この頃すごい数のプロダクションができているんですよ。80年代に１２７社、90年代に１１１社できてる。

プロダクションの現場

植村　どのような番組を手がけられましたか？
大山　最初はいろいろな記念番組が多かったですね。
小泉信三さんが戦死した息子さんのことを書いた『海軍主計大尉小泉信吉』を山田太一さんの脚本でドラマ化した『父の鎮魂歌』（92年、ＴＢＳ）。フジテレビで、『命のビザ』（92年）という、第２次大戦中に６千人のユダヤ人を救った外交官・杉原千畝《ちうね》の物語を大々的に海外ロケを行って制作しました。

ＮＨＫと縁ができたのは、日中共同制作のドキュメンタリー『誕生・ぼくの左足』（93年）を依頼されてからですね。中国人の自転車競技選手が事故に巻き込まれて左足を失うんですが、日本の義足職人のところへやってきて、そこに住み込みながら再起をめざすというものです。日本の義肢技術は、ドイツとならんで非常に優秀なんですね。

そして、ＮＨＫがドラマもいよいよ外部の制作会社に出すということになり、公募がありました。各社2本に限ってというので応募したところ、大沢在昌原作のハードボイルド『新宿鮫』と宮尾登美子原作の『藏』の2本とも通ったんですよ。94年、設立から2年目のことです。ただし、ＫＡＺＵＭＯにだけ2本発注というわけにはいかないというので、『新宿鮫』（95年）はＫＡＺＵＭＯ、『藏』（95年）はテレパックの制作で、ぼくが演出することになりました。ＮＨＫも新しく門戸を開いて最初の番組ですから、どちらも、力を入れてくれました。『新宿鮫』の演出は元日本テレビの石橋冠さんにがんばっていただき、いろいろな賞をもらいました。

それからテレビ東京でも、山崎豊子原作で『女系家族』（94年）と、吉本興業を作った吉本せいさんがモデルの『花のれん』（95年）などを演出しました。こんなふうに、単発で話題性のあるドラマを、ＮＨＫやテレビ東京のように、それまで縁の薄かったところから声がかかってやることになりましたが、それなりに力をお貸しできたのではないかと思っています。

その後もＮＨＫ－ＢＳでは、テレビ業界だけではなく映画監督を使って何か番組ができないかということで、相米慎二、市川準、崔洋一さんなどを起用して、日本文学の名作を俳優が読む『にっぽんの名作・朗読紀行』（00～03年）をつくりましたし、演劇関係では『80年代演劇大全集』（97年）『対談・20世紀日本演劇』（01年）などを手掛けたので、違う業界との人的交流にもお役に立てたのではないでしょうか。

あと、テレビ東京では、植村さんが編成局長時代に立ち上げた「日本名作ドラマ」シリーズや開局35周年記念番組の『永遠のアトム・手塚治虫物語』（99年）、テレビ朝日ではビートたけしの主演で開局40周年記念の『兄弟』（99年）をやりました。連続ドラマもテレビ東京の『飛んで火にいる春の嫁』（98年）やＴＢＳの昼ドラを手掛けましたし、スケール的には中位のプロダクションになったと思います。ただ、創業10年を前にぼく自身が大きな病気をしたこともあって、そこからはプロデュース業が主な仕事になってきて、目立った演出の仕事は減りましたが。

植村　ＴＢＳ時代、大山さんは「金曜ドラマ」枠の統括として「ドラマのＴＢＳ」の頂点に立たれていたわけですが、外に出て、制作条件や営業活動などで不条理を感じられたことはありませんか？

大山　ＮＨＫは打ち合わせをきちんとしてくれるし、制作費も結構出してくれます。出演料はＮＨＫが払いますから、プロダクションが払うのは、脚本料とスタッフ費、それから美術費、技術費だけです。お金に厳しいと言われていたんですが、割と潤沢に使えた印象ですね。

それと、外部プロダクションとして初めて東通など外部の技術会社と仕事をしたんですけどね。局内のときは、結構わがままを言って、数字なんか度外視して予算をつぎこんだりして、それでクオリティーの高いものを維持してこれたと思っていましたが、外へ出てみると、外部プロダクションのスタッフは、ものすごく真面目で一生懸命だということをあらためて認識しましたね。特に技術や美術のスタッフたちですね。プロダクションには「われわれは仲間だ」っていう意識が強く感じられたし、出演者のなかには局とプロダクションとで違う対応を示す人がいたことはたしかですが、基本的には、局とかプロダクションの垣根を越えて、クオリティーの高いものを目指そうという気持ちを感じました。

それから何よりも能率ですね。スタッフのほうから言うんですよ。局だと「休憩時間をきちんと1時間ください」「深夜は嫌です」と言っていたのが、外へ出るとむしろスタッフが積極的に、「とにかく、休憩を短くしてもいいですからやりましょう」って。それには感心しました。

植村さんからテレビ東京の「日本名作ドラマ」の依頼があったときに「いいものを作ってください」っていう言葉を久しぶりに聞いて、もの作りの原点を感じたこともよく覚えています。

「作り手の顔が見える」テレビを

〈編集部〉 大山さんのお話のように、植村さんはテレビ東京で「日本名作ドラマ」シリーズなど「演出家の顔が見える」企画を立ち上げて、ステーションイメージを高められました。一方、『浅草橋ヤング洋品店』をはじめ、『開運！なんでも鑑定団』や『出没！アド街ック天国』など、現在も続く良質なバラエティー番組の潮流を生み出されています。そのあたりのお話をお聞かせいただければと思います。

植村 編成というのは基本的に裏方で、表立ってお話しするほどのこともないのですが、ぼくは、大山さんの独立とほぼ同じ時期の91年6月に編成局長になりました。その年の4月編成が、視聴率的にメタメタで、ゴールデンのアベレージが6％強まで落ちこんだ。「おそらくテレビ東京は視聴者の信頼を失っているのではないか」と思い、視聴率を上げることよりも、まず番組のクオリティをいくらかでも高めようじゃないかということを模索したんですね。

三越や西武百貨店の社長だった坂倉芳明さんが、デパートは「専門店の集合体」だというコンセプトを打ち出して、家具館、食品館、スポーツ館という形で専門館をお作りになって、成果を上げていたんです。そこで、ぼくもテレビ東京の編成表を「専門店の集合体」「個性ある番組の集合体」というコンセプトで作り直そうと考えました。また、視聴率がとりにくいという理由でゴールデンタイムから姿を消していたドキュメンタリーをゴールデンのど真ん中でやってみようと。しかも、やるのなら誰もが最も興味のある「人間」を描くのがいいだろうと。それで『ドキュメンタリー人間劇場』（92～00年）が生まれました。

大学卒業後の一時期、映画会社に在籍したこともあって、ぼくの場合は監督主義・作家主義なんです。そこで「誰が作るか」が重要だと考えました。澤田隆治さんが作るのと、大山勝美さんが作るのでは、同じテーマでもまったく違ったものができてくる。これを大事にしないと、企画の選択はありえないなと思いました。

視聴率の責任は編成局長がとる。当面とにかく個性的ないいものを作ることだけに傾注しようということで、他の局では絶対に手をつけそうもない明治以降の文芸名作ドラマシリーズ「日本名作ドラマ」（93〜96年）を編成し、大山さんや深町幸男さん、久世光彦さん、恩地日出夫さんらの演出家に自ら声をかけさせていただき、久世さんからは、「自分でもやりたかったドラマを演出することができて、夢かと思う」とおっしゃっていただきました。作家に作品発表の場を提供するのは、編成マンの仕事の一つです。

そういう考え方の流れで、バラエティーでも『浅草橋ヤング洋品店』（92〜95年、『ASAYAN』としてリニューアル、95〜02年）や『TVチャンピオン』（92〜06年）、『開運！なんでも鑑定団』（94年〜）が生まれ、作家主義という考え方で、ハウフルスの菅原正豊さんとの出会いから、街の情報を深掘りする『出没！アド街ック天国』（95年〜）が誕生したんです。

〈編集部〉 成果はいかがでしたか。

植村　3年近い編成局長時代、おかげさまでクールを追うごとに視聴率が上がったんですよ。93年にJリーグの中継が始まったことも追い風になりましたが、「専門店の集合体」というコンセプトは、ある意味で成功したのではないかと思っています。いまだに、そのころの視聴率って破られていないんです。

大山　自分が放送にかかわり始めたときは、テレビなんて瞬間に消えるから署名性なんてどうでもいい、ほどほどでいい、そんな意見もありました。だけど、逆に瞬間で消えるからこそ、悔いなく全力を出しきろうと、ぼくなんかは思っていました。「一瞬に賭ける」ということに燃えたというか。

でも、顔が見える個性的な編成や局の顔になる制作者――自分の考えを通す編成マンなり現場のキーマンがドーンと居座って進んでいくことで、局の個性が出てくるんですね。いまは何となく総合点数で、右を見たり左を見たり、減点方式でやるもんだから、そつなく各局で似たような編成になってしまう。

植村　いまは、野菜でも魚でも「誰が作ったか」「誰が獲ったか」ということが肝心なんですよ。新聞だって記事を書いた人の名前がちゃんと出る。

大山　デジタル時代は番組が増えるから、個性的でないと埋没してしまう。

澤田　『ズームイン』立ち上げのときの日テレでは、井原さんが「オレが責任持つ」の一言で終わりでしたからね。

大山　ひところは、そういう人が各局の編成なり、それぞれの現場にいましたよね。やんちゃ坊主みたいな自己主張のはっきりした人が。そういう人を育てなければいけないのだけど、いまはどんどん減っている。人事でも一カ所に長いこと置いてはいけないみたいな風潮もあったりしますね。

生活習慣の変化と編成の役割

植村　前回の座談会で、「編成主導に罪がある」という発言がありましたが、ぼくは編成出身だから、実はそうは思わないんですよ。むしろ、「編成こそが経営を考えるべき」だと思う。編成って、グランドデザインを考えるところです。こういう町造りや村造りしようと考え、実際に家を造るディレクターやプロデューサーは大工さんに近い。だから、大きな設計図さえ間違っていなければいいんです。

大山　戦略ですよね。それに従って、さまざまな戦術が考え出されてくる。

植村　ところがそれを、最近はトイレのドアがいいとか悪いとか、そんなことばかりやっているような気がします。

大山　戦略を練って、俺はこれでいく、ある時期はこれで貫くんだという決意なり覚悟を持ったキーマンが、本当に少なくなりました。それぞれの局が差別化しないと生き残れない——そんな切羽詰まった危機感があったほうが本当はいいんです。もっとテレビジョンというものの可能性や新しい萌芽に思い切って居直るような腹をくった人が必要じゃないでしょうか。HUT（総世帯視聴率）が落ちているという危機を乗り越えるためにも。

植村　その結果として、同工異曲の総合編成が続いているわけですが、何とかならないものでしょうか。

大山　NHKは5年に1回、総合的に編成の見直しをしますが、そのベースが放送文化研究所の「国民生活時間調査」です。この結果に番組視聴率、インタビューやグループ取材などを踏まえて日本人が1日をどう過ごすかという全体像を見て、この時間帯はこういう人たちから、こういう番組が期待されている、という具体的な番組を発想していくプロセスをとっているんですね。民放も、それに倣っているところがあるわけです。

日本人の生活時間から見ると、テレビに接するのは3つのピークがあって、朝と昼と夜です。曜日によって多少のデコボコがありますが、こうした生活習慣が50年も続いている。「連続テレビ小説」のスタートを8時15分から8時に早めただけで一般的にはパニックが起こったらしいけど（笑）、とにかくそれで視聴率は戻った。だから地方もふくめて朝の時間帯をどのように過ごしているかを調査して、そこから逆算して番組をつくる。

夜でいうと、19時台はニュース中心、20時台は家族全員で見られるような番組、21時台はドラマ、22時になると総合ニュース、23時は趣味性——そんなふうに時間帯ごとに主な視聴者層を決めて、企画の戦術に入っていく。

それは長い間、テレビによってつくられた習慣かもしれないけど、日本人はそれに従って動いていますから、せっかくいいものをつくったら、その時間帯に大勢の人に見てもらわなければいけない。そう考えると、どうしても視聴率主義になっちゃうんです。だから、視聴率主義が今の編成をダメにしたかっていうと、あながちそうとも言えない。民放の場合は、視聴率主義から逆に、つまり局地戦の戦術から戦略無視へと行ってしまうところがあるんですけど。これは非常に難しい問題だと思う。

植村　視聴者の生活習慣に合わせて編成が決まるのは当然のことです。ただ、そのなかで、もうちょっと個性的な番組が生まれてもいいじゃないかと。さらに、テレビだけが娯楽だったときと、いまのようにテレビなどなくても、ケータイやゲームをやっている若い世代が多くなってきた時代に、マスメディアとしてこのままずっとこういう形を続けていったら、やっぱりテレビは廃れるのではないかと思うんですよ。

大山　それはテレビの役割がどうなるかという命題とも関係があります。都会では、2005年までは2世代世帯が一番多かった。ところが06年から一人世帯が増え始める。15年には一人世帯が半数以上になるといわれています。家族が見るテレビではなく、個人が見るという時代です。

　でもそうなった場合でも、今の地上波が持っているような役割は残ると思う。みんなバラバラに自分の視聴したいものだけを見るかというと、それはインターネットとかで探していくと思いますよ。大衆社会のなかで結構孤立感もあるし、時代の閉塞感もあるだろうし、そのなかで自分も大衆社会の一員だという確認を求めたいという潜在的な欲求がある。

　つまり、70年代には大衆といわれていたのが、80年代になると小衆といわれて、今は個衆といわれてるんだけど、その個衆が、大勢が楽しむ番組を好まないかというと逆であって、サッカーやオリンピックとかで、大勢の人が一緒に瞬間を共有しているという「共生感」「共に生きている喜び」を、テレビを見ることで味わう。そこで、大衆社会の一員であることを確認する。

　確かに、インターネットなどで趣味に走ると、自分の好きなものしか見られないけれど、テレビで日々刻々伝えられるのはまったく未知の情報だったり、思いがけない情報だったりするわけです。こういう社会に生きている、こういう考えの人といっしょに生きている、という確認のためにも、テレビはずっと生き延び続けるんじゃないか、となんとなく思っているところがあるんですよ。

だから、現在の曜日・時間帯編成の大きな流れというのは、基本的にそんなに変わらないような気がするなって、ちょっと保守的に見えるかもしれないけど。

制作費のカットは本末転倒

植村　確かにそういう一面はあると思います。ただ、多くの視聴者は、スイッチをひねると、いずこも同じ、金太郎飴のようなトークショー。これに耐えられなくなってきているのではないですかね？

大山　それはバラエティー番組に多いですよ。でもテレビには、教科書風に言ってしまえば、世界の動向を知らせるジャーナリズム性とか、現在を生きている人がなにを考えているのかが実感できるような題材を提供するといった役割もあるわけですよ。世界の貧困とか、環境だとか、そういう問題はＮＨＫがやればいいっていうことではなくて、民放もそれなりのやり方でメッセージを出すべきであって、本来果たすべき役割をきちんと果たす努力をしないといけないんだと思いますよ。視聴率主義で、儲かればいいということだけじゃなくて。

テレビを視聴者が見なくなる要因は、まず制作者の独りよがり、2番目は視聴者をバカにした番組、3番目は制作費を手抜きしている番組だと思います。近頃は、安上がりにしているのが見え見えの番組が多すぎるような気がする。放送局にとって、一番大事にすべき製品は番組ですよ。ところが、こういう不況になると、一番大事な製品である番組制作費を10％とか15％もカットする。これは、本末転倒ですよ。

植村　プライオリティから言うと、まず人件費を守ろうとする。そのために制作費を削る。

大山　そういう姿勢を、視聴者も見抜いちゃうんですよ。アメリカでは、視聴率が落ちてネットワークの危機が囁かれたら、逆に制作費をかけることによって回復したんですよね。これが本来の姿だと思います。

澤田　こういうとき、必ず「番組がつまらないから」といわれるけど、つまらないから視聴率が落ちるという因果関係は実はわからないんです。良いものを作っていれば上がるというのも嘘で、良いものを作ってもそれなりのときもある。「こんなくだらない番組がなんで視聴率がいいのか」っていうこともある。ソフトって、そういうものだろうと思います。

いまテレビ界を覆っている問題は、そう簡単なものではなくて、予算をダーッと切りましたよね。切りすぎて黒字になってる局もあるそうです。それで切ったために、結果として同じような番組ばかり並ぶ。全部同じ作り方になっていることではないですか。だから同じタレントが出ていて、売れるのは早いけど、飽きられるのも早いから、落ちるのも早い。育てるといった発想もまったくなくて面白いやつをともかく放り込めみたいな。

ぼくは〝サッカー状況〟と言ってるんですが、野球のように一回一回時間をかけて積み上げるのではなく、サッカーのようにすごいスピードで、何とか1点入れようと走り回っているように感じるんですよ。

それに今、家でテレビが消えている時間が長いと思いませんか。ＨＵＴが落ちているから、そこを上げようと努力しているうちに、テレビ局がドーンと赤字になった。いまだかつてなかったことでしょ。ＨＵＴが落ちるということは、テレビ全体の問題なんです。もっと長いレンジで見て、ジャンルごとに、お笑いならお笑いの世界で考えるという姿勢が必要ではないでしょうか。

シニアをないがしろにするな

植村　テレビを視聴者に夢を与える魅力的な媒体にするためのご提言を。

大山　50代以上が実はテレビを一番見ている。先ほどの1日の3つの視聴ピークの間を埋めているのは50代以上なんです。だからシニアが喜ぶエンターテインメントを、シニアの手で作ってはどうでしょうか。素人劇団などもけっこう活発ですよね。過去にテレビの経験ある人に50代で新しくテレビ番組を作ってみませんかって呼びかけて。つまり50代の新人を開発していく。きっとできますよ、放送用の機材も小さいし安くなったし。可能性はまだまだあると思いますよ。

澤田　ぼくは50歳以上の元気な人が集まるイベントをプロデュースしていますが、そこへ集まる人は一様に「いまのテレビには見るものがない」「よくわからない」と言う。若いタレントの早い会話がわかりにくいという世代が、見放されているんですよ。テレビのニュースでは「高齢社会だ」ってやたら言っているのに、そのテレビ局が、その世代を除外して商売しているという産業構造は、どこか間違っている。

大山　おかしいぞと思いながら、誰もその流れを止めようとしないから。

澤田　メディアの世論調査で「そのとおり」と思うより、「そうかな」と思うことが、最近多いと思いませんか。最大のメディアであるテレビ局自身が、視聴者の要求していないところに向かって走っている。

そのテレビが実は内部崩壊しつつあるということを外部から指摘されても、編成は相変わらずゴールデンタイムの企画で「F1を狙え」と言って変わろうとしない。このままでは、高齢社会の番組作りなど始まらんでしょうね。ゴールデンタイムこそ一番大事なわけでしょう。ここに、50代や60代の人が「いいねえ」って見る番組をやってくれる勇気はないんでしょうかね。

ＮＨＫのＢＳハイビジョンで先日放送された『日本のいちばん長い夏』（10年）。見た人は少ないだろうと思ったら、ぼくの周りのいろいろな人がさまざまな感想を言ってきました。50代・60代の人は、面白いものを探して見るエネルギーをまだ持っていますよ。やっぱりテレビが好きなんですよ。

植村　ゴールデンタイムのシニア向け番組は、むしろＢＳデジタルの紀行番組や美術番組などに芽がありますよね。

澤田　ＮＨＫのＢＳだけしか見ないっていう人が多くなってきた。だから民放もあれだけチャンネルを持っていて、そういう議論がされていないとしたら、もったいない。

大山　F1だって食わず嫌いなだけで、「F1はこういうものしか見ない」という局の決めつけが案外多いんですよね。

戦略的な映像文化育成策を

植村　来年の7月にテレビがデジタルに完全移行して、さらに多チャンネル化すると、ソフトが必要になってきます。制作現場の将来も明るい、プロダクションの可能性も無限だと、理屈の上では、そう考えられますが……。

大山　テレビが、きつい、厳しい、危険という3K職場だということは知れわたっていて、喜び勇んでこの業界に入ろうっていう人は、そんなに多くない。もう一つ、テレビはジャーナリズムも担うわけですが、大学の先生に聞くと、新聞を含めてジャーナリズム志望の人がどんどん減っているそうですね。

世の中のために役立とうとか、みんなのためなら一生懸命やってみようという気持ちになる若者がだんだん減っている。そのなかで特にテレビというのが面白い、人が喜ぶ、人の役に立っていることになかなか直結しないから人が集まりにくい。集まってもすぐ辞めていくという状況があって、プロダクションの先行きは大変だろうなと思います。

プロダクションが力を発揮できるようなかたちとして、同じ志を持ったグループが固まって、新しい事業を展開するようにしていかないとダメなんじゃないですかね。大きいところがドッキングしてまとまるとか、自分たちと同じようなタイプのグループが一体になってマーケティング力を高めて、新しい流通ルートを探すとか。力のある制作会社の再編成ですよ。局も協力して、業界全体で多面的に発信していかないと。

澤田　いまの話は、テレビに希望があったときなら、できたかもしれない。でも、いまテレビ局は目の前のことに忙しくて、テレビの将来のことを考える余裕がないんじゃないですか。40年前には、テレビ局の将来の安定のために制作プロダクションを積極的に育成したのに、この10年ぐらいの間にテレビ局の100％子会社の制作プロダクションを作って、そこに番組を発注し、ものを作っているわれわれ外部のプロダクションには権利が残らないシステムに変えてしまった。しかも、気がついたら全部派遣に切り替えられている。

植村　ガイドラインはできましたが。

澤田　総務省で3年も議論を重ねて、当初はテレビ局も抵抗していましたが、何とか認めてくれた。だから、いままでは契約書がないとか、ギャラや制作費の未払いとかはないと思います。でも、派遣の問題は時間切れで手つかずのままなんです。じつは、いま現実にはこれが一番大きい問題なんで、「これからどうするんだ」って言っても、誰も答えないですね。局系の制作プロダクションの社員数は、かつてのキー局の制作局の人数をはるかにオーバーしてしまっているんですよ。この現状をどう考えているんだろう。かつてテレビ局をスリム化しないと経営が成り立たないと議論して、労組との激しい闘争の末に制作プロダクションのシステムを作った40年前の構造改革を忘れてしまったんでしょうかね。

新人を育てなきゃいけないっていうことも、みんな当然考えているけれども、もうあきらめているというか……。このままだと、テレビ局にも、ぼくらプロダクションにも何も残りませんよ。

大山　プロダクションも日銭が欲しいから、しょうがないですね。2次利用や3次利用に役立つソフトってドラマが多いんですよ。ところが情報系は最初の1回目にもらうお金が多けりゃいいということになりやすい。大体、2次利用は少ないので捨ててもいいとなるから、局が著作権を全部持ってしまうんです。そのことで制作者側がうるおうべき2次、3次の権利を失ってしまう。テレビの作り手が先々プロダクションがどうなるかを、真剣に考える余裕がないってことでしょうかね。

澤田　情報系の制作プロダクションは、毎日、ワンネタ作っていけば、忙しくても収入はある。著作権がなくてもいいんです。だからドラマ系と情報系では本質的に成り立ちが違う。それと、編成が放送枠をドーンと長くしたじゃないですか。例えば、1時間番組を2時間番組に。

それで何が起きたかというと、まず派遣が切られる。2つの番組が1つになれば、2つのプロダクションはいらなくなるんです。あぶれた制作会社は倒産せざるを得ない。派遣だと、局側は、切ったらおしまい。残った会社は、ひとまず番組が続いているから助かっている。でも、1時間のスタッフで2時間になったわけですから、ネタもいっぱい必要になる。プロデューサーからはガンガン、ムチが入るんです。「もっといいネタないか、そんなアイデアしかないのか」って。みんな、「もう持たない」って言っていますよ。一方は潰れて、一方はボロボロになっている。これがいま動いているプロダクションの現状です。

だから大山さんがさっき言ったように、チームを作って何か新しい動きを起こさない限り無理なのですが、では実際に誰が旗を振りますかね。

大山　国として、日本の映像文化をどうするかという基本戦略をきちんと持たなきゃならない。そして、その戦略にそって業界が動き出さなければならない。デジタル化に向けて、いまが一番大事なときではないでしょうか。

（2010年8月2日。一部敬称略）

第6章　テレビ史を彩った女優たち

母親中心のホームドラマへ

植村　日本でテレビ放送が始まって今年（2011年）で58年を迎えます。そこで今回は新春にふさわしく、華やかな女優さんを通してテレビ史を振り返っていただきたいと思います。

大山　JNNデータバンクのタレント好感度調査によると、1970年代は、十朱幸代さんが74年から5年ぐらいトップに君臨しています。これはNHKの『バス通り裏』（58〜63年）の影響が大きいでしょうね。「若手俳優の登竜門」といわれ、連続テレビ小説の原点にもなった番組で、そこから巣立った、まさにテレビが生んだ人気者といえるでしょう。

先ごろ亡くなった池内淳子さんも好感度調査で長く2番手、3番手の人気がありました。山岡久乃さんや森光子さんは5～6位に入っていますが、これは、70年代にTBSが放送した大型ホームドラマ『ありがとう』『時間ですよ』の効果でしょう。『ありがとう』（70～75年）は山岡久乃さんと同時に、娘役の水前寺清子さんの人気もすごかった。水前寺さんの人気をあてこんで、石井ふく子さんが引っ張ってきたんですよ。父親のいない、母ひとり娘ひとりの関係を描いたドラマで、4シリーズほど作られました。最高で50％を超える視聴率を取った大ヒット作品で、ここで母娘を演じた二人の人気が爆発的に上昇したんです。

森光子さん、山岡久乃さん、京塚昌子さんは当時、「三大母親役」といわれていましたが、これは70年代に入ってホームドラマが変わってきたんですね。最初のころのホームドラマは父親が中心だった。『ただいま11人』（64～67年、TBS）は山村聰さんが主演だし、森繁久彌さんの『7人の孫』（64～66年、TBS）はおじいちゃんが中心です。どちらも男が主人公だった。

それが、現実社会の変化に対応して徐々にお母さんが中心となって活躍する話になっていく。京塚昌子さんの『肝っ玉かあさん』（68～72年、TBS）は未亡人でそば屋でしょ。『時間ですよ』（70～89年、TBS）は森光子さんが銭湯のおかみさん。船越英二という旦那はいるけど、これがどうしようもない遊び人。そんなふうに、お母さんが家庭を仕切ってがんばるという、戦前からある日本人特有の母親崇拝のようなものをうまいこと引きずってきている。母親中心のホームドラマなんて、ヨーロッパやアメリカでは考えられないですよ。

植村　当時の週刊「TVガイド」の表紙を眺めると、池内淳子さんの登場回数が多いですね。

大山　美人系ではあるけれど、近寄りがたい冷たさがなくて、庶民的な温かさがありました。下町の出身ですからね。手をのばせば届くんじゃないかという親近感ですね。人間的な良さの反映だと思います。演技も、最初のころは正直、それほどうまくなかった。声はひっくり返るわでね。ところが、フジテレビの岡田太郎さん――吉永小百合さんのご主人――が演出した昼メロ『日日《にちにち》の背信』（60年）や石井ふく子さんによる芸者たちのホームドラマ『女と味噌汁』（65年～80年、TBS）などで人気・実力ともに伸びていきました。

ドラマを一生懸命見てくださるのは基本的に中高年の女性が多いんですね。いまでいうF2（35～49歳の女性）、F3（50歳以上の女性）。そういう女性たちが、親しみを感じながら好きになるタイプ。池内さんはその典型でしょう。

植村　テレビの草創期は舞台や映画の役者さんが中心だったといわれますが、京塚さんも森さんもあまり映画という感じがしませんよね。必ずしも映画スターだけで、初期のテレビが作られていたということではない？

大山　違います。草創期は映画界大手の五社協定で「テレビには出るな」とスターを自社専属で縛っていましたからね。ところが、やがてテレビの普及で映画の人気が落ちてくる。そこで、仕方なく五社協定を解除して、映画スターもテレビに出始めたんです。だから最初のテレビドラマは舞台、特に新劇系の俳優が多かった。それから、淡島千景さんや八千草薫さんといった宝塚歌劇団出身の女優さんが台頭して活躍します。松竹歌劇団の出身では草笛光子さん。歌って踊れて、『光子の窓』（58～60年、日本テレビ）という初期のバラエティ番組のスターでした。

映画は瞬間芸みたいなところがあって、いい所をピックアップしてつないで作っていくけれども、舞台は流れを重視するから、俳優は気持ちの変化をうまく演じないともたないんですよ。初期のテレビドラマはロケーションができないし、ＶＴＲもなかったからナマの舞台中継的な作りだった。それで舞台人が重用されたということもあります。

映画界からの転身

植村 映画からテレビへの転身組にはどんな方がいらっしゃいますか？

大山 ＪＮＮデータバンク調査で80年代のトップ常連だった大原麗子さんは東映出身、佐久間良子さんや三田佳子さんも東映の中堅でしたね。大映出身が山本富士子さん、京マチ子さん、若尾文子さん。そして、日活出身の吉永小百合さんが「最後のスター」という感じでテレビに出てきました。吉永さんには私も何本か出演していただきましたが、忘れられないのは、やっぱりＮＨＫの『夢千代日記』（81〜84年）でしょう。

植村 脚本が早坂暁さん、深町幸男さんの演出ですね。

大山 映画スターだけど、テレビでなければできない仕事をきちんとした方の一人ではないでしょうか。

植村 吉永さんは『夢千代日記』以外は単発が多く、シリーズはあまりありませんね。

大山 連続ドラマで覚えているのは、ぼくが作った『光る崖』（77年、ＴＢＳ）と、石井ふく子さんに口説かれて「東芝日曜劇場」（ＴＢＳ）に時々出ていたぐらいではないでしょうか。それと、ご主人の岡田太郎さんがいた関係でフジテレビの単発。ＮＨ

Kも、連続ものは『夢千代日記』だけじゃないかな。吉永さんらしい雰囲気が出ていて、お茶の間でも人気者になっていったんですね。

植村　吉永さんは、いまもテレビのCMなどでおなじみですね。このほか映画出身で記憶に残っている方は？

大山　三田佳子さんはNHK大河ドラマの主役を何回も演じていますし、佐久間良子さんもホームドラマや時代劇などで活躍しました。松竹なら岡田茉莉子さん、岩下志麻さんや倍賞千恵子さん。

植村　庶民的じゃない女優さんって、テレビではあまり成功しなかったのでは？　例えば、大映の山本富士子さんとか。

大山　やっぱり映画館は、暗いところでスクリーンに幻のようなきれいな人が出てくるわけですから……。憧れというか非日常の、日ごろお目にかかれないイメージ、〝高嶺の花〟的な世界ですが、テレビは日常の時間のなかで流れていますからね。お茶の間には、テレビのそばに電話機や家庭用品があったりする。それにふさわしい生活感が出せる人でないと、ミスマッチになっちゃうわけですよ。

植村　岸惠子さんは一見庶民派じゃないけど、テレビでも成功しましたね。

大山　岸さんはフランスの映画監督イヴ・シャンピと結婚して、どこかバタ臭い感じもありますが、もともと庶民派なんですよ。ぼくも、何回も出てもらいました。だけど最初は、なかなかテレビに馴染まないという声が多くてね。

たとえは悪いんだけど、タヌキ顔とキツネ顔ってありますよね。要するに80年代までテレビで人気の出たのはタヌキ顔系なんですよ。キツネ顔の人は、あんまり爆発的な人気は出なかった。子どもって、自分の顔に似た人が好きでしょ。丸顔で甘えられるやさしそうな顔のお母さんや先生やお姉さんが好きなんですよ。どこか良妻賢母の面影がある人。最近は仕事ができて、きりっとした人の人気が高いですけど。

ここから先は失礼を承知で言いますけど、岸さんはキツネ派なんですよ。岩下志麻さんなんかもややキツネっぽいでしょ。岩下さんもうまいんだけれどもね。タヌキ派というと、十朱さんがそうですよ。竹下景子さんや、吉永さんなんかもそう。かわいい卵型。〝かわいい〟っていうのは、日本人の好きなキーワードなんですよ。

澤田　テレビはかわいいほうがいいんですよ。岸さんのように堂々と見える女優さんは役柄がピタッと合ったときに、はじめていいんであって……山田太一さんの脚本、深町幸男さんの演出で岸さんが主演した『夕暮れて』（83年、NHK）は当時、大変な評判になって、ぼくら忙しかった時期でしたが、毎週見てましたよ……堂々としている人の不倫ドラマだから、あり得ないとも思うし、毎週ドキドキしながら見ていました。

植村　実際はざっくばらんな、すごく庶民的な人なんですよね。

大山　そう。だからぼくは、連続ドラマの『沿線地図』（79年、ＴＢＳ）で電気屋のおかみさんをやってもらったんです。

植村　山田太一さんの脚本でしたね。面白かったですよ。

大山　でも、最初はみんなから「絶対合わない」「お茶の間の主婦が反感を持つ」といわれた。ただ、ぼくはあの人を知っていたから絶対に合うと思った。演じてもらってピッタリでしたね。その後も、不思議な都会風の雰囲気を岸さんでということで、『幸福』（80年、ＴＢＳ）というドラマを作りました。行方不明だった外国帰りの美女のお姉さんがふらっと下町の妹の家に帰ってくる……これはこれで不思議な味が出た。和服を着ながらやりましたから。

植村　これは向田邦子さんの脚本。

大山　そうです。ネタはぼくがテネシー・ウィリアムズの『欲望という名の電車』はどうでしょうって向田さんに言って……。

テレビから巣立ったスターたち

植村　澤田さんにとって忘れられない女優さんは？

澤田　森光子さんですね。ぼくの出会った最初の美人女優です。昭和30年ごろから朝日放送のラジオ、テレビで人気が出て、東宝の舞台で大女優になった。戦前の新興キネマの娘役だった森さんを知っている先輩が集まると、いつも「森光ちゃんの年はいくつだ」というのが話題になったものですが、60歳のときでも40代に見えたし、長い間、同じ顔で生きてきて（笑）、みんなに愛された。

それと、ぼくを育ててくれた女優、ミヤコ蝶々さんと宮城まり子さん。この二人を超える喜劇女優は、いまだにいませんね。

もう一人、富司純子（藤純子）さん。ぼくの『スチャラカ社員』（61～67年）でデビューした初々しいお嬢さんが、その後、東映で大スターに成長していって「緋牡丹お竜」をやる。大河ドラマの『源義経』（66年）で静御前を演じて、そこで尾上菊五郎さんと出会って梨園の妻に。寺島しのぶさん、尾上菊之助さんを育てあげるという見事な母親、それに最近の映画で見せる演技の多彩さ、ただただ驚きです。毎朝NHK

の『てっぱん』（10～11年）のきれいなおばあちゃんにお目にかかれる幸せを、いま満喫しています。

植村　70年代になると、テレビ独自のスターが育ってきます。

大山　竹下景子さんもテレビ育ちです。ぼくが担当した田宮二郎さん主演の『白い影』（73年、ＴＢＳ）でデビューした。このほか、映画から来た大原麗子さんや松坂慶子さん。変わり種だと大竹しのぶさんなどが70年代の後半にはＪＮＮの好感度調査の人気ランキング上位にいます。

澤田　70年代に入ると、日本テレビの『スター誕生！』（71～83年）から山口百恵さん、桜田淳子さん、森昌子さんの「花の中三トリオ」が出てくる。歌から出てきた若手がバラエティーにもドラマにも出演して人気者になります。時代が大きく変わってきました。特に百恵さんはテレビドラマの「赤いシリーズ」（74～80年）が当たると、今度は、映画で良い役が回ってくる。『伊豆の踊子』『潮騒』『泥だらけの純情』……かつて吉永小百合さんが演じた文芸名作のリメイクです。こうした相乗作用で、山口百恵さんは時代を代表する存在になっていきましたね。

この時代にぼくはバラエティー番組を演出していましたから、次々と登場する同世代の少女たちが成長し、時代を変えていくのを間近で見ていて、同じジャンルの才能を集めたテレビ番組が時代を変えるパワーを持つことがあることを知りました。この考えでぼくは80年代に漫才ブームを起こすことができたのです。

大山　やがて、80年代から90年代になると、ドラマも短いシリーズが全盛になった。NHKでは大河ドラマと連続テレビ小説の二つから若い人気者が出てくる。あとは映画や舞台、音楽の世界など、違うジャンルの出身者が人気者になっていくんです。

植村　テレビ史を振り返って、最も美人だと思うのは？

大山　難しい質問ですね（笑）。でも、『岸辺のアルバム』（77年、TBS）のときの八千草薫さんはきれいでしたね。それから誰でしょう……やはり吉永小百合さんかな。

植村　ぼくは夏目雅子さんが好きなんですが。

澤田　まだ彼女が素人のとき、ぼくのバラエティー番組で、カバーガール的な扱いですけど使っているんですよ。

植村　カネボウのCM「ｏｈ！クッキーフェイス」に出るまでの間に？

澤田　そう。でもそのとき、それほど美人だとは思わなかったな。整った顔というんですかね。ところが、そのあとどんどんきれいになっていくだけでなく、芝居もできるんでびっくりしました。惜しい女優さんでしたね。

テレビと関係なく言うとね、写真を見て会いたいと思って、実物見てびっくりしたのは有馬稲子さん。宝塚出たばかりのときで、こんなにきれいな人いるのかと思った。あと、八千草薫さんね。『蝶々夫人』やるときに、イタリア人がびっくりしたぐらい可愛かった。それから扇千景さん。好みもあると思うけど、この3人は別格でした。

それから、ぼくが朝日放送にいたとき、毎日放送の社長秘書にすごい美人がいるから見に行こうって、若手社員が騒いでいたくらいだったのが、司葉子さん。そしたら、東宝へ持っていかれて女優になった。

舞台の演技、テレビの演技

植村　演技派ではいかがでしょう。

大山　市原悦子さん、樹木希林（悠木千帆）さん、泉ピン子さん。これが現役ビッグ3かな。あとは大竹しのぶさんや余貴美子さんらが入ってきますが、とにかくみんな芸達者。

植村　それは持って生まれたものですか？　それとも鍛えられて？

大山　鍛えられて身についたという感じがします。市原さんは舞台ではそんなに器用に見える人じゃなかったけど、テレビで場数こなして、いろんな役をやっていくうちに、こういうもんだなと気づいたんじゃないかな。舞台というのは、自分をどう変えて役を作っていくかにあるんだけれども、テレビは自分のなかの可能性をどう広げていくかということが基本だと思うんです。市原さんは、たぶんそれに気づいた。そこから、すごく自然に見えるようになりましたね。

植村　やっぱり開眼のきっかけがあるんですね？

大山　市原さんは、最初のころのテレビでも硬い感じが残っていましたが、テレビ朝日の『家政婦は見た！』（83年〜）あたりから、テレビはこれだってわかってきたんじゃないですか。テレビはゆるい緊張でいいのだと。そこから自分が持っている庶民的なものに居直るようなところが出てきたように思いますね。

植村　樹木希林さんの演技は、地ではないんですか？

大山　多趣味多芸で、森繁さんが気に入ってたぐらい発想のセンスが良かった。つまり通り一遍じゃない。普通の人がやらないことをやってみて、それが意表を突いていて面白い。若いときからそうでした。若年寄みたいな顔しててね。ぼくがまだ若くて生意気な演出家だったころに、「大山さん、あそこの演出違うんじゃない？」って平気で言う（笑）。

植村　澤田さんの選ぶ演技派は？

澤田　市原悦子さん。わかりやすい芝居で引きずり込んでしまう。森光子さんはね、世間的にいったらうまい人になっているけど、「お芝居してますよ」っていう演技をする。舞台でもそうでしょ。それが森光子ワールドの魅力となって、大勢の観客を動員してきた。すごいことです。樹木希林さんの「ようこんな芝居するなァ」みたいな演技や桃井かおりさんの、何なんだろうという不思議な演技も好きですね。

大山　桃井さんとショーケン（萩原健一）が出てきた80年代は、それまでのオーソドックスな演技をどう打ち破るかというのが課題としてあったんですよ、舞台でもね。桃井さんがわざと変なところから声を出したりすることで存在感が出て、面白いってことになった。正統派外しというか、歌舞伎ふうに言えば〝傾《かぶ》く〟演技なんですよ。

澤田　杉村春子さんは舞台では、どこもかしこも演技をしているというか、スタイルの権化みたいな演技をするじゃないですか。客もそのスタイルに酔わされて、しびれる。そういうのと別に、自然体で見せてうまいと思わせる演技のスタイルも持っているんです。

テレビはどちらかといえば自然体のほうがうまく見えるんだけれども、杉村さんが出ている映画を見るとものすごい自然体の演技なんです。いやらしいおばさん役で出てくると、あーッと思わず声が出るほどなんですが、舞台はまた全然スタイルが違う。

本当に芝居がうまい方なんだろうなと思いますね。

大山　ぼくもすごいと思います。おっしゃったように、杉村さんはテレビでもものすごく自然におやりになる。ぼくは何回もご一緒しましたが、例えば岡田茉莉子さんが最初に杉村さんと共演したいと言い、泉ピン子さんも同じことを言ったんです。ところが、二人とも杉村さんといるとあがっちゃうんですよ。明らかにわかるわけ。位負けするっていうんですかね、もうガチガチ。杉村さん本人はものすごく気さくなんですよ。細かい自然な演技がうまい。だから芝居していることを悟らせない。すうっと存在していて、その前でみんな位負けしてね、そのくらい迫力がありましたね。

ぼくがあの人に感謝してるのは、『関ヶ原』（81年、TBS）に出ていただいたときに、名古屋で『華岡青洲の妻』を公演してらしたんです。その公演が終わってから、車で2時間半かけてTBSにいらっしゃるわけですよ。夜の10時に舞台おわって、そこから車で2時間半、メーキャップして1時でしょう。3、4時間、明け方まで撮って、それでまた帰っていかれる。もう国宝級の大女優なのに、「やるわ」と言ったら、無理をしてでもやるという心意気がね。

澤田　本当に自然体のお芝居、中村鴈治郎さん（二代目）との芝居なんかもうしびれますもんね、いま見ても。

沢村貞子さんも自然体でしたね。昔の東宝の映画でも、そこらへんにいるおばさんみたいな感じがそのまま出ていて、舞台でもテレビの本番でも、楽屋でも同じ雰囲気なんですよ。

大山　沢村貞子さん、山岡久乃さん、樹木希林さん。彼女らに共通しているのは、周りがすごくよく見えているということ。「何とかちゃん、ほらほら、あれが出てないわよ。これ準備したら?」とか「衣装どうした?」なんて他人のことをあれこれ心配して言う。へたなADが舞い上がっちゃうほどでしたね。

植村　空気が読めるんですね。

大山　本番直前まで「ほらほら、キュー。こっちから出してよ、ちゃんと」って。何が足りないのか、ちゃんと見える。それで「ヨーイ、ハイ」と言うと、パッと切り替えて芝居する。それがなかなか洒落ていてうまい。自分の役以外は関係ないのではなく、最初に全体を見ていて、そのなかで自分の役を全体に合わせていくんですよ。

植村　プロデューサーに近い感覚?

大山　そうそう。だから、芸達者というのは、そういう要素がないとだめなんじゃないかな。

「攻める」女性

植村　森光子さんや富司純子さん、それに高峰三枝子さん、扇千景さん、三田佳子さんといった女優さんって、実はフジテレビの『3時のあなた』の司会をやっていましたね。これは偶然なんでしょうか？

澤田　女性上位のドラマの人気が違うところに波及していったってことですよ。

植村　俳優としての経験が別のジャンルで活きた？

澤田　お昼のテレビに出るってことは、主婦層を狙っているわけですから。その主婦層が演劇の主流を支える時代がくるんです。

芸術座（現シアタークリエ）を見ているとわかります。主役が全部女優になっていった。男優は明治座とか新宿コマ劇場（08年閉館）では主役を張りますが、これも徐々に変わっていく。中身も女性が苦労して出世していく、そんな芝居ばかりになりました。お昼の時間帯に出ている女優が舞台で活躍する時代になった。

黒柳徹子さんがずっと人気タレントベスト10に入っているのも、『徹子の部屋』（テレビ朝日）の影響ですよね。

植村　それと、ワイドショーの司会をやっていると否応なしにジャーナリスティックになっていくってこともありますね。

澤田　昔の女優さんは、そういう環境と隔絶されていたわけでしょう。世間のことなど知らないほうがいいと育てられた。お金の計算も知らないほうがいいみたいな。ところが、ワイドショーをやってると、世間を知らざるを得なくなってくるんですよ。

アメリカのワイドショーの女性キャスターって、ものすごく攻撃的なんですよ。日本では、男のサポーターがいて、アナウンサーがいて、本人はニコニコしているだけで、ほとんど意見も言わない。それで、山城新伍さんをつかった『新伍のお待ちどおさま』（85〜90年、TBS）で、冨士真奈美さんや野際陽子さんにガンガン突っ込ませた。そうしたら昼の時間帯で高視聴率とったんで、各局が女性コメンテイターにガンガンしゃべらせるようになった。

野際陽子さんはそのあとドラマですごい役をやったでしょ。マザコンの冬彦さんが出てくる『ずっとあなたが好きだった』（92年、TBS）。だから、ワイドショーも女性の変化とともに変わってきたんです。

大山　社会進出とともに女性がアクティブで積極的になってくる。例えば和久井映見さんなんかも美人の一人に挙げたいと思うけど、彼女も普通のお嬢さんじゃなくて、ヤクザの娘といった尖った役がピッタリする。自己主張したり、素直じゃない役柄がかえって面白いんです。劇画チックなものが受けるようになってきて、もう「良妻賢母」という時代ではなくなりましたね。

澤田　仲間由紀恵さんがそうでしょ。『ごくせん』（02〜08年、日本テレビ）のヤクザの娘。

大山　そう、あれが人気あってね。啖呵を切るあたりが。

澤田　ところが大河ドラマの『功名が辻』（06年）では逆に、山内一豊の妻＝夫を支える女性を演じて人気がさらに上がる。男が君臨していた大河ドラマすら変わってきます。テレビのなかの女優たちが、ようやく攻めの形に変わってきたような気がしますね。

植村　大河ドラマのテーマも、昔は武将がメインでしたけど、ここ数年は『篤姫』（08年）、そして今年（11年）の『江《ごう》〜姫たちの戦国』と、女性のヒロインに変わってきましたよね。

澤田　NHKが中国と合作した『蒼穹《そうきゆう》の昴《すばる》』（10〜11年）は西太后ですからね。史上最強の女性じゃないですか。悪女と言われた人物を、『二十四の瞳』で大石先生を演じた田中裕子さんがやるんだから。

男が主役の企業戦士ドラマに出てくる、尖ってる女性社員がいるじゃないですか。男をやりこめるっていうか、あれを見てると女性は勇気を得るんじゃないでしょうか。会社の中で実際にはそこまではできなくてもね。いま街を歩いてると、しっかりした顔の女性が増えてますよ。それって、テレビの影響があると思いますよ。

女優への道

植村　いま女優になりたければ、どうすればいいですか。

大山　ＡＫＢ48のようなグループのオーディションに参加する。ホリプロやアミューズといった大手プロダクションが美女募集キャラバンみたいなのもやっています。そういうところに行くのもいいでしょうね。女性の場合は、昔よりもさらに美女系が注目されやすいんで、得ですよ（笑）。あと、小劇場で演技力を磨いて勝負していくしかないんじゃないですか。『スタ誕』みたいなのがなくなったから、歌手デビューもなかなか難しいし。

澤田　歌番組がダメになりましたね。大歌手を作るシステムが壊れてしまっている。レコード会社が競って新人歌手を世に出そうとしたり、レコード大賞を獲るための暗躍が週刊誌の話題だったのは昔の話になってしまいました。それでもスターを作ろうと、どのプロダクションも新人発掘のためのオーディションは真剣にやっていますけどね。

ぼくのジャンルでいえば、お笑いタレントは男性優位ですが、そろそろ女性のお笑いタレントのニーズが高まってくるのではないか。そんなオーディションをやってみたいなと思っているところです。

大山　ＴＢＳもテレビ朝日もテレビ東京も深夜に低予算のドラマ枠を作った。これは、ゴールデンタイム用の番組の予備軍養成所といわれていて、ほとんど出演料も出ない厳しいものですが、出演することで、演技力もついて認めてもらえるチャンスが出てくる。あの子がいいって噂が立って、その子がだんだんメジャーに育っていく。『篤姫』の宮﨑あおいさんだって、そこから出てきたんですよ。

ここに出て認められれば、いい時間帯のいい役をもらえるようになると、マネージャーごと一生懸命になっていく。そういうグループもいますから、そのなかでまた出てくる人たちに期待したいですね。

長期の連続ドラマが女優を育てる

植村　若手俳優の登龍門という意味では、ＴＢＳにも以前、「ポーラテレビ小説」という帯ドラ枠があって、ＮＨＫの連続テレビ小説と競うように、名取裕子さん、樋口可南子さん、賀来千香子さんなどたくさんの女優さんを輩出しています。ああいうのがなくなって、どうなんでしょう。

大山　確かに、ＮＨＫの連続テレビ小説でも既存の名前のある人を主役にするパターンになりましたよね。

長期の連続ドラマのなかでこそ、若い女優は育つんです。「こんな山出し娘のどこがいいんだろう?」と思う女優が、みんなで光を当てて、カメラを向け、お化粧させ、良いものを着せると、どんどんきれいになる。演技もうまくなる。人々の視線シャワーが何より効く。だから、いま名前が出た人たちも、最初は本当にどこの子だというのが、終わるころにはいつの間にか化けてる。

新人というのは「時代の顔」だと思います。いい女優がいて、かわいかったり美しかったりすると、共感のようなものを覚えますよね。テレビって大衆のものだから、

「育てたい」っていう大衆の欲望が潜在的にあるんですよ。そういうものに応えるためにも、関係者はみんな、もうちょっと新人を育てることを自覚してほしいなと思います。

澤田　ちょっと前はプロデューサーが小劇場の芝居を見に行って、脇役に使ったりしてました。お笑いでいうとライブです。そこで面白いのをピックアップするとか。

大山　「大人計画」とか「Ｍｅ＆Ｈｅｒ」とか、いろんなグループがあって、面白くて変わった俳優が、ウォッチしていると必ず出てくる。小劇場系も、ひところまでテレビからお呼びでないと思われていた。ところが、だんだん力をつけてくる。少人数の客相手なので、演技も自然で妙な芝居っぽさがない。新鮮で変わった俳優がいると、テレビ側も目をつけ出し、重宝がられるようになった。『大地の子』（95年、ＮＨＫ）の上川隆也さんなど、その典型です。小劇場側のマネージャーも自信をもって局に売り込むようになった。いまは小劇場出身の俳優はテレビで大活躍していますね。

澤田　大阪から来た「劇団☆新感線」など、その最たるものですよ。すごい客集めますからね。一般の視聴者も見ているっていうことですから。

植村　80年代ぐらいまでは層が厚かったですね。演劇や映画の世界から来たり、テレビ独自で育ったり、歌手出身だったり……いまは逆に、いろいろなジャンルをクロスオーバーしてという盛り上がりとは、ちょっと違うような気もする。

澤田　だから、いま、国民の誰もが知っているといったタイプの女優がいないんですよ。テレビで人気が出た女優が映画にも舞台にも出て話題になり、大きくなっていくという図式がなくなって、もう20年ぐらい経ちますが、いまや舞台公演は芸能界のジャンプボードにならなくなってしまった。映画ですら、そうなりつつある。テレビ出演を続けることの難しさを考えると、スーパースターが誕生する可能性は低くなっていますが、まだテレビにはスターを作るパワーはあります。

大山　イギリスには、いくつかのプライベートスクールがあって現場の演出家やプロデューサーがテレビ的演技を教えに来るんですよ。しかもきちんとテレビカメラを使って。そうすると実際的で、いいトレーニングになる。実は、ぼくも個人的にテレビカメラを使って俳優塾をやっていましたが、舞台の何もない平場でやるのと、実際にカメラのレンズを通じてやるのでは、テレビ的に表情の出し方などがずいぶん違うんです。

アメリカは、やっぱり舞台的な発声・表現が基本になりますから、そこをベースに映画やテレビに行く。映像でも舞台でも基本は同じですからね。それから、韓国や中国は国としてスタッフの育成に力を入れている。韓国の俳優は大学を出なきゃいけないとか、きちんとした縛りがあったりします。ペ・ヨンジュンなども、ちゃんと大学へ行って、演技コースを出ているんです。だから、それなりの自信があって、あれだけの表現ができている。

澤田　NHKが最近、単発や短期ドラマに力を入れていますね。全部、新人を使ってますよ。主演も周りも新人。「この人、どこから出てきたんだろう?」という若手に時代劇をやらせたりしている。そこには、ある種の意気込みみたいなものが感じられる。時代劇を作るのが大変だということも含めて、それをあえてやっている。企業ドラマなら、それに合った俳優さんをキャスティングしている。

そうした意気込みが『龍馬伝』にも出ていた。そんなNHKにひとつの戦略が見えるんですよ。ここは民放としてもがんばってもらわないと。

（2010年10月6日。一部敬称略）

第7章　心に残る男優・タレント

「イケメン系」と「お笑い系」

植村　前回の女優編に続いて、今回はテレビ史を飾った男優・男性タレントというテーマで進めます。女優編でも参考にしたＪＮＮデータバンクのタレント好感度調査などを眺めると、コメディ系のタレントが多いように思えます。

大山　１９８０年代以降は特にそうですね。ＪＮＮの調査は70年代に始まりましたが、前半は撮影所育ちの映画俳優やクレージーキャッツ、ザ・ドリフターズといった音楽系のグループが目立ちます。その後、長嶋茂雄や王貞治といったスポーツ選手に人気が集まっています。特に70年代はホームドラマとプロ野球の人気が圧倒的でしたからね。

植村　大ざっぱに分けると、「イケメン系」と「お笑い系」が半々という印象を持ちました。竹脇無我、石坂浩二、加藤剛、高橋英樹、加山雄三など、70年代は映画出身の、いまでいうイケメン系の俳優さんが目立ちますね。

大山　テレビが育てたという意味で最初のころでは、加藤剛さんが代表でしょう。テレビドラマ『人間の條件』（62～63年、TBS）で人気に火がついた。高橋幸治さんも朝の連続テレビ小説『おはなはん』（66～67年）でフィーバーした。

また、大河ドラマで人気が出て、その後活躍するという先鞭をつけたのが緒形拳さんです。大河3作目の『太閤記』（65年）で豊臣秀吉の役をやるんですが、NHKでドキュメンタリー派だった吉田直哉さんが大河ドラマの演出家に抜擢されて、「主役は新人でいく」と。そこで、新国劇にいた緒形さんに目を付けた。当時としては大胆なキャスティングですが、これが当たった。その人気が尾を引いて、翌年の大河第4作目『源義経』（66年）では弁慶をやるんですよね。

植村　好感度の変遷をみると、84年からは明石家さんまさんが登場して、もう20年近くトップの座をキープしていますね。さんまさんは、どんなふうに出てきたんでしょう？

大山　元は落語家でしたよね。

澤田　笑福亭松之助さんの弟子です。松之助さんは五代目松鶴の弟子で、六代目松鶴とは兄弟弟子、1925（大正14）年生まれですが、いまでも若いころと同じような大きな声、豪快な芸風の笑福亭の落語を聞かせてくれます。

戦後すぐ、大看板の松鶴、春団治が相次いで亡くなったこともあって、54年ごろは上方落語がまったく売れなくて、松之助さんは若き日の桂米朝、桂文枝（当時、桂小文枝）、露乃五郎（当時、桂春坊）、桂文我（当時、桂我太呂）などと宝塚新芸座で落語をやったり、芝居に出たりしていました。

NHKの『上方演芸会』で大当たりし、漫才ブームを起こした秋田實先生が、小林一三さん（阪急電鉄、宝塚歌劇団の創始者）の誘いでワカサ・ひろし、蝶々・雄二、いとし・こいし、Aスケ・Bスケといった人気漫才コンビを引きつれて宝塚新芸座へ入り、朝日放送で『漫才学校』（54〜56年）を制作します。これがたちまちラジオの人気番組になるんですが、生徒の一人に笑福亭松之助さんがいて、コメディアンとして大劇場での実演、映画化と売れに売れまくった。

テレビ時代になった59年には、演芸の世界へ戻ってきた吉本興業の「うめだ花月」の吉本コメディーに参加します。そこで座長として、作・演出・主演をこなして大活躍するんです。曾我廼家喜劇の流れを継いで人気のあった松竹新喜劇や、東京の浅草喜劇を源流とするコメディー、秋田實式漫才コメディーとも違う。まあ型破りといってもいい、吉本コメディーの基礎をつくった人です。落語なんかでもおもしろいですよ。古典を変えちゃってね、今のひとにでもわかるギャグをいっぱい入れちゃう。そんな人を師匠としたので、明石家さんまさんはやはり従来の型にはまらない新しいタレントとして育ったんだと思いますね。

さんまと欽ちゃん

澤田　一応は落語家の弟子ですけど、「江川問題」で大阪では絶大な人気のあった阪神タイガースの小林繁投手の形態模写で売っていた。ぼくは一度も落語は聞かないまま『花王名人劇場』(関西テレビ)に80年4月にモノマネで出演してもらってます。

そのあと思いがけず「漫才ブーム」になって、やすし・きよしを先頭に押し出しながら、そのあとの〝笑い〟を考えてたなかに、明石家さんまの姿がありました。81年から「お笑いニューウェーブ」とかタイトルをつけて、ザ・ぼんち、紳助・竜介、明石家さんま、コント赤信号などの企画を入れていき、さんまさんは82年の「花王名人大賞」では新人賞に選ばれるまでになってきました。でも、そのころすでにさんまさんの喋りはラジオでは金看板になっていました。天性のしゃべくり好きがラジオで磨きがかかって、そのうち漫才ブームが去ったあと、テレビでラジオの深夜番組の喋りがうけるようになってきた。

欽ちゃん（萩本欽一）がラジオでやった企画をテレビでやって成功する。大阪ではいよいよ「しゃべくりマン」さんまの出番になった。ぼくとの仕事はそこまでなんですが、テレパックの武敬子さんが「井原西鶴の『好色一代男』（86年、TBS）の世之介にさんまさん、どう思いますか」とぼくに電話をかけてきた。女性のプロデューサーは、さんまにそういう色気を感じてるんだとヘンに感心して「女優はどんな？」と聞いたら、大女優の名前がズラッと……びっくりしました。吉本興業との接点が全くないからつないでほしいと言われて、喜んでつなぎました。かなり話題にはなったけれど、それだけ。でもその後、武さんとさんまさんは『男女7人夏物語』（86年、TBS）で大ブレイクするんですが、このおかげでぼくと武さんはなんでも喋れる友達になったんです。

植村　こんなに長く人気が続いている理由は何です？

澤田　やっぱり天性、もう喋り好きですからね、子どものころからずっと喋りまくってるというか。

植村　人柄も良い？

澤田　あれだけの女優（大竹しのぶ）をホロッとさせちゃうわけだから（笑）。あけっぴろげな魅力があるんじゃないですかね。81年から好感度は常に良くて、何があっても落ちませんから、テレビに出てる限り、このまま変わらないんじゃないですかね。

大山　欽ちゃんも息が長い人気タレントですよね。ひところは、ラジオを含めて6〜7本のレギュラーを持っていたっていわれました。実は欽ちゃんの誕生には、ぼくも一役買ってるんですよ。60年代に、浅草に若くておもしろい芸人がいる。ドラマにも出たがっているからって、紹介してくれる人がいて会いました。

そのころ、北杜夫さんの『楡家の人びと』（65年、TBS）を演出していたんで、精神科病院の院長、東野英治郎さんのところに診療に来る患者の役を頼みました。母親役は山岡久乃さん。

ところが新劇界の大御所のまえで、緊張して舞い上がってしまったらしいんですね、彼に言わせると。それでいろいろやるんだけれども、なかなか演技が決まらない。収録だけはすませたんで、本人は大張り切りで親戚や知り合いに大宣伝しちゃった。「今度、ちゃんとしたドラマに出る」って。ところがオンエア見たら、出てこない。私が判断して、出演シーンをカットしちゃったんですね。

近所からは嘘つきあつかいされて、ぼくを恨んだそうです。欽ちゃんは大ショックで落ち込んだけど、「よーし、こうなったら一流のお笑い芸人になって、大山を見返してやる」って発奮してドラマ出演をあきらめたっていうんですね。皮肉も入ってるけど、いまでもぼくのことを「この人は、恩人です」と言うので、ちょっと複雑な思いがするんですけど、そんなこともありました。

森繁久彌とその周辺

植村　お笑い出身という意味では、森繁久彌さんを欠かすことはできないと思います。

大山　別格ですよね。森繁さんは舞台や映画の人といわれるけど、テレビに与えた影響も大きいと思いますよ。本人の芸もそうですが、西田敏行、向田邦子、久世光彦、泉ピン子、樹木希林、竹脇無我など、いろんな人材を育てましたからね。

森繁さんは戦前、古い情緒的な伝統芸を引き継いだ人が主流だった時代に、満州という湿り気のない「脱日本」的な場所で、のびのびと多才ぶりを発揮していたんですね。本職はアナウンサーなのに芸が達者だから、日本からVIPの政治家や役人が首都・新京（現在の長春）にやってきて酒を飲む席に、おもしろい奴だから森繁を呼べってことになる。NHKのアナウンサーから満洲電信電話の職員として勤務して、モノマネは上手いし、声色はできるし、歌もうまい、ちょっとしたコントもやるっていって、有名だったんです。ある種のタモリみたいな存在だった。

乾いた笑いを中心とした芸を満州で築き上げて、それに引き揚げのとき修羅場を見て、人間って滑稽で哀れなものだと実感する。それで日本へ帰ってくる。34歳のときです。けっこう遅咲き。彼の芸を見て、新宿のムーラン・ルージュで話題になる。スピードがあって、べたべたしていない。それと変わり身が早いこと。これらが、戦後の日本の空気に合ってくるんですよね。

その後、NHKがアメリカの『ビング・クロスビー・ショー』にならったラジオ番組『愉快な仲間』に抜擢して、人気が出てくる。映画に出て活躍したのは、すでに50歳近くでしたが、決まった台本どおりにやるんじゃなくて、自分の感じたおもしろさをバッと出していくという、生き生きした表現。軽妙にして洒脱。これを先ほどの西田敏行や樹木希林たちが学んでいくんです。それが結局テレビらしい演技力になっていくんですよ。

あの人の偉かったのは、大ベテランになっても「ぼくは素人なんですよ」って、ぼくみたいな者にも演技論をふっかけてくる。「あの映画の、誰々の演技をどう思うか」っていうふうにですねぇ。

澤田　ぼくは1950年に新東宝での初主演の映画と52年の大映での主演映画をリアルタイムで見てますけど、面白かった。『腰抜け二刀流』（新東宝）に『腰抜け巌流島』『凸凹太閤記』（大映）といったパロディ風の時代劇なんですけど、軽い調子のセリフ回しで現代劇みたいな芝居をする。それまでのコメディアンとは全く違う。一見、いいかげんな芝居に見えるんですよ、きちっとやらないから。映画の主役の俳優ってみんなどっしりしてるじゃないですか。

真価を発揮するのは『三等重役』（東宝）。社長におべっか使って後ろ向いてペロッと舌を出すみたいなピカレスク喜劇。こすっからい、悪いやつなんですよ。チャップリンの初期も同じキャラクターですから、なにか共通するものがありますね。

大山　森繁さんが小津安二郎の映画に出たとき、チョコチョコとアドリブをやるもんだから、「そんな細かいの全部捨てろ」って言われて、もう窮屈でいい味出せなくて、一回で懲りてやめたそうです。小津さんも、もう呆れたっていう。

テレビってどこかきちんとしていない良さ、余白というか、はみ出す部分がありますす。そこがおもしろい。人間味を出すっていうか、型にカチッとはまらない、フレームに収まりきれないという、そういうにじみ出る、フッとこう、自然に出てくる人間性みたいなものが、その人の飾らない味が出て、中身を豊かにする。それは森繁さんの演技が原点だっていう気がしますね。

映画スターとテレビタレント

植村　タレントが番組をつくるのではなく、番組がタレントをつくるんですか？

澤田　やってるうちに番組のキャラクターに自分がピタッと合ってくるときがあるんですよ。まるで、その役をやるために生まれてきたんじゃないかと思うようになるとヒットしている。

植村　『男はつらいよ』の寅さんといえば、渥美清というような？

大山　そうです。「はまり役」。渥美さんはもともと、NHKのバラエティー『夢であいましょう』（61〜66年）で人気に火がついた。その後、『男はつらいよ』シリーズの原型となるTBSの『渥美清の泣いてたまるか』（66年）と、その後フジテレビで連続ドラマ化（68〜69年）され、やがて松竹映画の人気シリーズ（69〜97年）になるんです。そういう意味では、テレビでまず名前を上げていったっていうことも言えます。でも、渥美さんが出ればいつもテレビでは高視聴率かというと、実はそうでもない。

だから、『男はつらいよ』っていうシリーズものだったら渥美さんというふうになってしまう。

例えば、いま人気の田村正和も70年代の最初は大原麗子のサブもやっていた。その後、『うちの子にかぎって…』(84年、TBS)でメインになった。けっしてデビューは早くないですが、いまや「正和さんが出れば」っていう数字を見込める存在になりました。

植村　ある時期以降の渥美さんなんかもそうですけど、あくまで映画俳優として原則テレビには出ない。テレビとは一線を画して、逆にスター性を高めた方もいますよね。それでも映画俳優がだんだんテレビに出るようになりますね。例えば高倉健の『あにき』(77年、TBS)は大山さんのプロデュースでした。また、山田太一さんの『男たちの旅路』(76~82年、NHK)や『シャツの店』(86年、NHK)の鶴田浩二などがいましたね。

澤田　勝新太郎さんや高倉健さんは、〝本籍〟は映画というタイプなんでしょうね。

ぼくね、田宮二郎さんに映画の二枚目俳優ってこれなんだと感じたことがあるんですよ。彼が大映ともめてクビになったとき、すぐに電話して、『サテスタ23』(69年、朝日放送)の司会をたのんだ。『クイズタイムショック』(田宮の司会は69~78年)より前です。それで、アシスタントに桂三枝さんをつけたんですよ。三枝さんにとっては初の全国ネットでね、キザな若手芸人というキャラクターで売れはじめていた。5、6回目の収録で、キュー待ちしてるときに三枝さんが田宮さんに話しかけたんです。「田宮さん、よろしいなあ、いつも同じ白で。ぼくはもう毎週、毎週、衣装がたいへんですわ」。そしたら、「これ、毎回違うんだよ」って。白のタキシードの生地が違うんですよ、ラメ入ってたりしてね。三枝さんもぼくもカルチャー・ショックを受けましたね。

大山　勝さんもそうだったけど、映画スターは憧れられるというか、目線を上に上げさせようとするから。映画は全盛時代からしばらくは、どうしても男優の良いところ、スターらしさを引き出すように作られていて、それを支えていたのは男性客だったんですね。でも、テレビが主流になったいまは女性客がターゲットになっているから、だんだん若者映画に変わってきてますよね。95年以降、日本のテレビはジャニーズ時代になったけど、映画も同じです。キムタク時代というのも、ここ15年くらい続いてますからね。それで今度は嵐とか。

澤田　映画俳優がテレビをどう使ってやろうかと考えるように、テレビで育った人たちも映画をどう使うか考えているんじゃないですかね。『十三人の刺客』（2010年、監督・三池崇史）に出ていた稲垣吾郎の役なんか、ふつう引き受けませんよね。テレビと全く違うでしょ。それで演技を褒められて、みごとに当たった。だから、映画とテレビは違うもんだと思っている人が多いんじゃないかな。

ビートたけしと北野武

澤田　テレビでバカやって、映画ではテレビでできないやりたいことやっているのがビートたけしさんですね。みごとに北野武と演じ分けている。今まで日本にいなかったスゴイ男ですね。１９７８年ごろのツービートは、面白いけど〝怖くて〟テレビが使うのをためらうような漫才だった。この面白さをぼくの番組で使って天下に知らせたいと思ったけど、チャンスがない。

79年1月に『ズームイン!!朝！』のコーナー企画のオーディションに来てもらった。日本テレビのスタッフにネタを見てもらったら「面白い！」と言ってくれたんで、「朝早く起きれるか」と聞いたら「徹夜でマージャンしてるから大丈夫です」。こりゃ大丈夫じゃないと採用にならなかった。このとき『ズームイン!!朝！』では、全国的には全く無名だった紳助・竜介の「大阪あっちこっち」という3分漫才を、毎日流すコーナーが採用されただけに残念でたまらない。

それで、その年の10月からスタートする『花王名人劇場』にはぜひ入れたいといろいろ考えて、日曜夜9時のゴールデンタイムに「円鏡VSツービート」という企画を実現した。東京で9・6％だから大ヒットというほどではなかったけど、「あの時間帯に花王さんの番組で使ったんだから」と、ツービートがテレビで使ってもらえるきっかけになりました。そこへ漫才ブームです。80年代はツービートが売れに売れた。「赤信号みんなで渡ればこわくない」が流行語になって、本も出せば売れた。でも、だんだんネタをやるのがつらくなってきた。

83年の第3回花王名人大賞で視聴者の人気投票1位でビートたけしは大衆賞をとったんですが、そのときプレゼンターをお願いした大島渚監督から「ビートたけし君に今度撮る映画に出てほしいと思ってる」と言われたので、「生放送で直接、頼んでみたらどうですか」って返事をしたら、監督、トロフィー渡しながら口説いてた。これが『戦場のメリークリスマス』（83年）ですよ。この出演でビートたけしは変わりましたね。このあと、いろんな映画に出演しながら映画づくりの勉強をしていたんだと思います。会うと映画監督の違いを観察していて、聞かせてくれてたから……。

84年の正月企画で、たけしの独演会をやることになったんですが、もう漫才のネタができないから弟子を使ってコントをやりたいということで、映画監督のコントを作ることになった。このときの作り方がすべて口立て。たけしさんが思いついて喋ることをガダルカナル・タカが書きとめていく。そのまんま東と大森うたえもんがコンビを組んでいて先輩格、松尾伴内もつまみ枝豆もラッシャー板前も付き人クラス。まだ軍団というほどのパワーもなかったけど、意のままに動かしてコントを固めていき、まとまったところで一番面白くなった役を自分がやるという作り方でした。

4、5日たって本番になって、ドライリハーサルで見ると違うコントになっている。セットも衣装も一緒、設定も一緒だからいいんですけど、リハーサルのときの内容のつもりをしていたスタッフは一瞬うろたえます。ぼくは「面白くなったんだからいいんじゃないか」。2回目も3回目もそうなるので、ぼくは気がついた。ぼくがOKしたものはやりたくない。もっと違う攻め方をしようと作り変えるんです。すごいエネルギーだと思いましたし、喜んで否定されてやろうと思いました。ところが、ほかの番組でも軍団とのコントをやるようになって、これもキツくなってきた。

7回目の独演会が85年の最後のプログラムで、リハーサルも終わって4日後の録画の日に軍団は来ているのに殿が来ない。そのころ、たけしさんのことを軍団と同じようにみんなも「殿」と言ってました。集まった客に急病ですと断って、軍団がショーまがいのことをやって解散。12月29日の放送に間に合わせるには、これまでのたけし独演会のネタの総集編をするしかない。それをたけしさん本人が見ながら総括するという企画を考えて承諾させた。それがやってみると、ことのほか面白くて本人も気に入っていたけど、『花王名人劇場』とはこれで縁が切れた。このことで、変えながら出続けるということの難しさにも限界があるということをぼくが知りましたから、以後はタレントの深追いはしなくなりました。

人気タレントの条件

植村　人気タレントであり続けるための条件とは？

大山　ひと昔前の、仰ぎ見るような憧れの人でなく、傍らにいて気楽な、一緒に旅して飽きなくて楽しいだろうな、と感じさせるような人の時代になってきましたね。さんまがそうであるように、全方位外交とまでは言わないけれども、多面性があるということじゃないですかね。ひとつの個性だけで売るんじゃなく、例えばさんまは芝居もすれば、司会もやる。オールマイティ。自分を前面に押し出すというよりも、サポートする。タモリもそうですよね、司会者として、あんまり、「自分が自分が」と個性を押し出すのじゃなくて、ゲストとして招いた人を立てるという。

澤田　伊東四朗さんなんかそうですよね。

それにしてもテレビの初期から10年くらい前までは、テレビで売れると映画や舞台から声がかかって、うんとPRしてもらい、格を上げることができたんだけど、最近は映画デビューの若い俳優がテレビにやたら出て宣伝するというのが目立ちますね。これはテレビ局が映画制作に参加することの影響だけど、それをやっても観客動員にあまり効果がなくなっているとぼくはみているんです。いまは、存在感とメッセージなしでただテレビに出ているだけではダメな時代になってしまったと思っています。

大山　ジャニーズ系が歌えて踊れて演技ができるという魅力ある集団を作りつつありますよね。ＳＭＡＰの次に嵐があって、その下にまたいるっていうふうにね。そういう集団的に男性エンターテイナーを育てている。これは大きな供給源ではありますよね。

植村　ジャニーズ系でも、滝沢秀明くんのように、一部は日生劇場や帝劇で座長公演を張らせてますよね。逆に、テレビよりもコアなファンに支持されればいい。別にテレビに出さなくてもいいんじゃないのっていう、あるいはテレビは受け皿になっていないのかもしれませんけれども。

大山　テレビを宣伝の媒体と思ってるんですよ。テレビはショーウィンドウ化している。そこで顔や名前を売り、客を劇場に呼びたいとか、コンサート会場に押し寄せてもらいたいとか、テレビというものが最終目的じゃないという。

リハーサルをしない現場

植村　森繁さん、欽ちゃん、渥美清、ビートたけし……小劇場のコメディーを出発点にマルチな活躍をした人たちの踏み台となった舞台が少なくなっているような気がします。

澤田　コメディアンを育てる場が全くないんですよ。休まずやってるのは吉本新喜劇だけでしょう。ただ、吉本新喜劇は他流試合をしてるひまがない。365日仕事してますから。それに大阪の劇場に出て中継はありますが、ローカルですよね。それに一時、なくなっていたんですけど、いままた言葉の壁を感じますね。

大山　ただ、東京の落語では立川志の輔や、林家三平（先代）の息子たちが結構がんばってますね。いろいろな番組の司会をしたり。

澤田　落語の世界も、いま停滞しています。落語家が何でテレビで売れないのか？

落語家ってバラエティーがあまり得意ではない。自己完結型の芸能ですから。漫才師のほうがいつもコンビで会話のラリーやっているから、大勢で出ても突っ込みとボケでやっていける。けど、落語家もコメディアンも、いまは修練の場も相手もいないから、会話のラリーがうまくならない。それじゃ、今のテレビには出る場がないからスターが生まれるわけがない。

大山　だからヒナ壇芸人、中途半端な芸人だけがヒナ壇にずらりと並んだトークショーになっちゃう。

澤田　テレビの初期を支えてきたのは明らかに舞台出身のコメディアンたちです。まずは脱線トリオがテレビで成功し、舞台や映画で大きくなった。柳家金語楼さんは若いコメディアンを集めてホームコメディー『おトラさん』で一家をつくって全員を売り出した。みんなテレビで顔を売って名前を覚えてもらって舞台に戻ってきて客を集めた。

　ぼくたちテレビ育ちの演出家も大舞台を背負ってる喜劇俳優の大スターに演技のマナーや俳優の動かし方なんかを教わって、それをテレビの演出に活かしていった。いまはそういうシステムが全く壊れてしまいましたね。いまは金がない、時間がない。そんなテレビでタレントを育てることはあり得なくなってしまった。

植村　いまのタレント・俳優と、昔の俳優・タレントの勉強の仕方って、違いますか。
澤田　リハーサルを重ねてつくり上げていくのが一番身に付くと思うんですが、いまのバラエティーのつくり方はリハーサルをほとんどしない。打ち合わせだけで出たとこ勝負ですから、つくり上げるというより消去法です。タレントになりたい人がいっぱいいるから、それでいいのかもしれませんがね。

「知性」を表現する俳優

大山　今は稽古しないですね。昔の俳優は、いまみたいにマルチな表現の出口がなかった。だから自分の表現を極めるということには、一生懸命でした。自分の感性を高め、他人の芝居を見る。つまり、自分の唯一の表現である俳優の表現術に関して、自分なりに力をつけようとして勉強した。
三國連太郎も向田邦子の『家族熱』（78年、TBS）をやったとき、リハーサル室で「もう一回お願いします」と何回も稽古に励んでいました。『岸辺のアルバム』（77年、TBS）でも、八千草薫、杉浦直樹といったベテランも国広富之らと、照明直しの時間もスタジオの片隅で稽古をしていましたね。まぁ、劇的なつくり込んだセリフも多かったこともあります。いまは、わかりやすい日常的なセリフが多いドラマが多くなりましたし。

芸能人に対して八方からいろいろな注文が来る時代です。それに対応できるためには、何でも屋的な……。広い意味で広く浅く勉強しているでしょうけれども、極めるという一つの俳優表現というものだけにこだわっていくのは苦手ということかな。

植村　お笑いでもそうですか。

澤田　どうしたら笑いがとれるかという最低限のテクニックを持った連中を集めて番組をつくるわけですから、効果的にテクニックが出せるかどうかが勝負になる。あらかじめ突っ込みとボケが決まっているわけではなくて、瞬間的に突っ込むか、ボケるかを判断して喋るんですから、リハーサルをする意味がないんです。

大山　昔ある俳優が、驚きや悲しみといった情緒の反応を鋭くするために、日常生活をものすごくストイックにしているんだと言ってました。自分の持っている力を芝居で初めて新鮮に出すために日常的に簡単に喜んだり悲しんだりしないで、感性をナイーブにしていくというんです。

いまはもう、とにかくいろんなツールを通じて情報が入ってくる。目も耳も、いくつあっても足りないぐらいの情報がエンターテインメントを含めてあるから……。

植村　だから「知性」を表現できる俳優さんがいないなという感じがします。例えば、森雅之さんみたいな人がいませんものね。

澤田　テレビ以前は、演技をするということを演劇を見て学んだと思いますが、いまは子どものときからテレビでいろんなものを見て、影響を受けて、演技することを身に付けていますから、才能のある人はどんな芝居でもやってのける。

戦前の歌手で芝居のできる人はほとんどいなかったけど、いまは人気歌手が大河ドラマを引っ張る演技ができてしまう。テレビの影響はいろんな形で変化を生み出しているんだと思います。

大山　いまの若い制作者たちに「自分の思うようなものが企画として、わりと通りそうな雰囲気があっていいじゃないか」と言ったら、「いや、大山さんらの世代がうらやましいのは、素敵な俳優たちがいっぱいいた」「私たちはその人たちとは組めない」と言ってました。かつては、いまでも知ってる人がうらやましがるような、力もあるし、魅力もあるし、人間的にもチャーミングな人が多かったですね。

森繁さんをはじめ、笠智衆、佐分利信、森雅之、宇野重吉、芥川比呂志、東野英治郎、山村聰、映画スターの長谷川一夫、鶴田浩二、三船敏郎、木村功……皆いい顔をしていて、演技力がありました。いまは、大人の魅力をにじませる人は少なくなった気がします。そういうことですかね。芸能界全体にね。

植村　そうなんですよ。

大山　若き日の司馬遼太郎さんをドキュメンタリードラマにしたいという人がいたんです。しかし、いま司馬遼太郎を演じられる俳優なんていないよね。ぼくは最初にそう思いました。

（2011年2月3日。一部敬称略）

第8章　わたしの修業時代

なぜ放送界を志したのか？

植村　このシリーズも2年目に入ります。今回は新人向け特集ということで、ご自身の若いころの経験を踏まえ、新放送人にメッセージをいただこうと思います。まず、どうして放送界に入られたのかというあたりからうかがいます。

大山　私がなぜテレビを志したかというと、終戦前に一人で旧満州から帰国し、両親は居残って引き揚げ者になり、一時は消息不明になったので、NHKラジオの『尋ね人の時間』という番組をよく聴いていました。それで、ラジオを聴くうちに、戦争中の大本営発表の報道が全くのデタラメだったことを知りました。われわれはこんな偏った報道で動かされていたのかと思い、新聞記者になって「世の中に正しいことを伝えなければいけない」と思い始めたのがマスコミへのきっかけでしょうか。

ところが、早稲田の学生時代、家庭教師として田中千禾夫さんと田中澄江さん、ご夫妻とも劇作家の家に入り込んで、当時の演劇や映画が身近に感じられるようになって、社会人になったら、ドラマ的な世界でやっていこうと思うようになったのです。すでにＮＨＫも日本テレビも始まっていましたが、ラジオ東京テレビ（現ＴＢＳ）はラジオが主体で、テレビではこれからドラマを中心にやるらしいと聞いて応募したんです。１９５６年に入社試験があり、57年の正式入社ですが、最終的に採用されたのは33人。当時は就職難で、１２００人ぐらい受けに来ていましたから、30倍から40倍の競争率でした。

澤田　確かに、就職難でした。ぼくは学校の先生になろうと思っていました。神戸大学では文学部で日本史を専攻していて、３年生のとき、淡路島の阿那賀の山林地主の蔵に元禄から明治までという大量の古文書があって、その調査を任され、それがぼくの卒論のテーマになったのですが、このような山林地主が形成されていく過程を資料で迫るというのはめったにないことなので、これは一生ものだと思い、淡路島で先生をしながら研究に没頭するつもりだったのです。ところが、親父が「それでは食っていけない、どこかに勤めろ」と新聞社の入社試験を次々と探してくる。でも、ぼくが入社試験を受けた54年はどこもすごい倍率で、片っ端から落ちてました。東京の試験をなぜ受けに行ったかというと、山林史の調べのために上野図書館へ行きたかったんです。お米を持っていかなければ、泊まれない時代でした。最後に、かなりきつい縁故募集をしている朝日放送の試験になんとか入れてもらって試験場に行ったら、それでも応募者が200人ぐらいいた。試験は常識問題と作文に英文和訳。あちこちで試験を受けているから常識問題と作文は完璧。英語はまるでダメで、知っている単語から推理して、いまで言う超訳をして出したら2次試験の通知がきた。「やれうれしや面接か」と出向いたら80人くらいになって、またまた英文和訳と作文の試験。よく受かったと思います。

配属先が決まってから

植村　大山さんの入社時、ドラマ制作以外の新入社員はどんな感じでした?

大山　57年入社は報道系が多かったですね。ドラマ部は入社した33人中4人だけ。当時のTBSテレビは、ドラマの局として特徴づけようとしたから、最初から舞台や映画、NHKのドラマ経験者などの人材を引っ張ってきていました。昔、満州のラジオでドラマをやっていた人もいました。だから、ドラマ部で若いのはわれわれの同期4人ぐらい。あとの同期生は、ほとんどが報道や新たに作られる教養部門の配属でした。

植村　澤田さんのときは、200人受けて何人入社したんですか？

澤田　4人。制作がぼくと山内久司君（元朝日放送代表取締役専務、「必殺」シリーズプロデューサー）、技術が1人、東京支社が1人。50倍の難関です。

植村　倍率でいうと、大山さんと似たような？

大山　1200人近く受けて33人だから、そうですね。

植村　大山さんはすぐにドラマの現場に配属ですか？

大山　劇作家の家に3年いたってことで、経験者ではないかと妙に買いかぶられて。もっとも、すぐバレましたけどね（笑）。60年からディレクターとして一本立ちして、1週間にADを3本こなしながらディレクターもやるという過酷な状況でしたが、疲れも知らずに新しいメディアに取り組んで、生き甲斐を感じていました。

植村　澤田さんは？

澤田　喜劇映画が大好き、ラジオもお笑い番組ばかり聴いていましたから、制作部へ配属されて「何がやりたい？」と聞かれて、みんな演劇とか音楽とかいうところを「お笑い」と言ったら、珍しいやつが来たぞって、すぐ担当になりました。

植村　それまで、お笑いにはどう接触されていたんですか。

澤田　ぼくの時代は何といっても映画。洋画・邦画を問わず何でも観ています。ラジオのお笑い番組はよく聴いていました。それとキタとミナミの実演劇場では、学生服でなくジャンパーに着替えて喜劇公演を観ています。映画で観たエノケン（榎本健一）とか古川ロッパの実演をみたのも忘れられない。ただ学生時代に寄席にはほとんど行っていませんね。大人でないと入れないような雰囲気があった。それがお笑いの担当になったら毎晩のように寄席通いでしたから、大人になったうれしさを感じたものです。

植村　では、もう即戦力？

澤田　でしたね。広告代理店から上がってきたものや先輩が作った番組のキューシート（秒単位の時間割表）を書くために、毎日山のようにプレイバックしていました。これがやはりあとで財産になったんではないですか。それと、生放送の公開収録現場でのAD業務。

入社したときに部長から「休んでいる人を楽しませる商売だから1日も休みはないよ」と言われて、なるほどと思ったから、〝休み〟を知らない毎日に不満はありませんでした。

大山　私の場合は、演出部だったんだけれども、美術部の助手みたいな仕事をやらされて、これが貴重な体験でした。付け帳といって、大道具、小道具、役の人物ごとに衣装や持ち道具などを書き出す発注書があるんですが、これをあちこち聞いて一人で作るんですよ。自分でドラマを演出するときに役にたちました。

映画が手本だった

植村　そのころといまの新入社員で決定的に違うと感じられることはありますか。

大山　いまは、一流企業＝テレビ局のエリート社員として希望し、採用されますが、われわれのころのテレビって、「まだ海のものとも山のものともわからないけれど面白そうだ」「新しい世界で何かやってみたい」と、いろいろな職業を経た後、それまでうまくいかなかった人や、どこにも行き場がないから放送局を受けたとか、そういう人間が集まっていました。

植村　その代わり、モノを創りたいという情熱のようなものはすごかったですね。

大山　最初に集められた制作スタッフは本当にごった煮。元軍人や引き揚げ者と出身母体もバラバラで、野武士の集団。ある種、日本の職業人の縮図みたいな感じだった。

「美は谷神にあり」という言葉がありますが、山間部の凹地の谷底には、いろいろなゴミを含む雑多なものが集まってきますよね。そこで、初めて異種交配し、発酵されて新しい美が生まれる。老子の言葉ですが、ぼくは、これこそテレビだと思っています。

だから、何でもあり、どんなことにも挑戦してやろうっていう前向き志向が強かったです。いまはどうしても巨大メディアというのが前提にあって、いかに信用ある形を保っていくか、いかにミスを少なくするか、いかに視聴者からクレームがこないようにするか……どちらかといえば、守りの姿勢ですよ。

澤田　先輩は本当にいろいろな経歴の人が多かった。新聞出身、大劇場の進行、撮影所のスタッフ……そんな人たちの話を聞くのが楽しかったですね。

ラジオからテレビへ異動したときは大変でした。もう勉強ですよ、勉強。あんまり見ていなかったテレビを必死で見ました。他局の番組を見るのは当然として、映画のカット割りを勉強するために映画館に通いましたね。

大山　映画館の暗がりで、絵コンテを写したりしてね。

澤田　映画のカット割りに憧れましたね。だけど、ケーブルでつながれたテレビカメラではどうしてもできないカット割りがある。俯瞰を撮ろうとしても、クレーンがないんだから。昔のテレビカメラって4本のレンズが付いていて、レンズの使い方によって映像が変わる。このシーンでこのレンズを使ったらおかしいとか、こういうときはもっとカメラを人物に近づけて、このレンズで撮らなきゃいかんとか、カメラマンが強いから、そのカットは無理といわれたら教えてもらうしかない。どうしたら映画のように迫力ある殺陣《たて》の映像が作れるか、いろいろトライさせてもらいながら、少しずつ映画に負けないスピード感のあるカット割りを完成させていきました。

植村　日本映画と洋画、どちらが参考になりましたか？

澤田　どちらかといえば日本映画じゃないですか。俳優の交渉に松竹の撮影所に行ったことがあったんですが、もうセットの大きさが全然違うんですよ、テレビとは。本物の大きさなんです。それまで舞台しか知らないから、テレビのセットを見て立派なもんだと感心していて、テレビのセットはテレビサイズだということも知らなかった。でも、テレビはテレビサイズで工夫すればいいと考えなおして、『てなもんや』でいろいろ試してすごいセットだとほめられるようになった。

大山　映画に対するコンプレックスは強かったですね。テレビは「電気紙芝居」と呼ばれて、低く見られていました。生放送だから、よくミスは出る、映像感覚も甘い、フレーミングもまるでなっていない。ロケーションで同じ場所にぶち当たったりすると、映画はでっかい35㎜カメラでスタッフや関係者が50人ぐらいいる。われわれは16㎜で総勢7～8人だから。「やめよう場所変えよう」と強い犬に遭った雑犬のように尻尾を巻いてコソコソと逃げなければいけなかった（笑）。

テレビ独自の表現

大山　だから、このコンプレックスをどうしたらぶち破れるかと悩みましたね。でも、スタジオでテレビドラマを撮っていると、モニターが撮影中の映像を映し出すでしょ。それを俳優さんたちはみんな食い入るように見ているんですよ。「こっちの角度からアップになると、こんな顔になるのか」とか「あの人の顔はこう映るのか」とかね。当時、佐分利信さんや東野英治郎さん、森雅之さんといった舞台も映画もやっているベテランの人たちがモニターを見て、ものすごくテレビを面白がってくれましたね。

テレビの特性としてね、アップが利くんです。それから縦構図といって、立体的な空間をつくるのに適している。つまり、映画はどうしても横に広がって撮らざるを得ないんですが、テレビ画面は狭いから、アップの奥にさらに絵があるというような構図をつくりだすのが、ひとつの工夫のしどころだったんですね。いまに「テレビもなかなかやるな」と言わせてやるぞ、というような思いでやってました。

澤田　縦の構図を時代劇の立ち回りに使うと、迫力がでるんですよ。切り込んでくるのを縦に撮ると、ものすごく距離が近く見えて、パーンと迫ってくる。

先輩たちがどう撮っていたかというと、立ち回りがはじまると、引いちゃうんですよ。適当に引いといて、別のカメラでポンポンとアップ撮るだけだった。ところが、映画では、斬られた人が倒れるところまでフォローしている。それから、パッと主役が構えるところとか、斬身のアップにいくんですよ。これ大阪のテレビでは誰もやっていなかった。

それで殺陣を勉強しに行って、ずっと見ているうちに動きがスローモーションで見えるようになるんですよ。次の動きがわかるから、カメラマンに細かい指示がだせるようになった。

全部、映画が手本です。それに縦の構図をいれて、テレビ的な迫力を出すというのを考えてましたね。

「生のやりとり」が呼吸を生む

植村　新入社員のころ、テレビという職業に夢をお持ちでしたか？

大山　テレビはまだメディアとして成熟していませんでした。若いメディアだからこそ、若者が支持して、喜んで見るようなメディアにすべきではないか――そんな生意気なことを考えていました。テレビって映画のような芸術的で美的な映像ではなく、生き生きとして、弾んだ挑戦的な映像であるべきじゃないかと、ぼくなりには考えていました。

植村　澤田さんはいかがですか。

澤田　テレビをやるようになってから、映画を観るたびに自分が作った番組が映画化されたらすごいなと思っていたんですよ。でも、そんなことあり得ないと思っていたから、『てなもんや三度笠』を映画化したいという話がきたときは、うれしかったですね。東映で俊藤浩滋さん（女優・富司純子の父）のプロデュース。でも、実際に出来上がった作品は、テレビとは違うんですよ。映画になった『てなもんや』を観て、テレビの映画化なのに、何でテレビの面白さが出ないんだろうと腹が立って、『キネマ旬報』にそんな批評を書いたりしてしまいました。

でもビデオになった作品を最近になって観たら、「映画は映画なんだ」ということに気がついた。映画としてちゃんと撮られてる。例えば、松林の中で、珍念が時次郎を待っているところを大ロングショットで撮っているんですが、大きな画面のなかで小さいのがウロウロしているわけですよ。こんなのテレビでは絶対撮れない。あと、大勢のエキストラを使ったモブシーンなどもあって、テレビとは違う面白さが出てるんです。だから、監督はテレビを見て、テレビでできないことを撮ろうとしたんだと、やっと気がついた。いまさら遅いんですが、テレビしか考えていないぼくの勉強不足でしたね。

大山　映画がテレビにかなわないのは、澤田さんの喜劇などは特にそうなんですが、〝生のやりとり〟なんですよ。生のやりとりによって、どんどん新しい空気が生まれて、新しい呼吸がドラマに流れとして出てくる。それを丸ごと捉えていたのがテレビなんです。ところが、映画のようにブツブツ、ブツブツ、カットごとに撮っちゃうと、その息の交流とか、流れが出ない。

それでね、最近うまくいったと思うのが『龍馬伝』（NHK）。あれは、生と同じで珍しくワンシーンを最初から最後までノンストップで芝居させていますね。それを、複数のカメラで1シーン一気に撮るんですよ。だから、俳優ものすごく興奮するし、流れとか、呼吸の交流というのがよく出ている。

生放送時代のテレビ作りの良さと、多面的な映像表現がマッチングした珍しいケースだと思いました。あの迫力、あの呼吸が、生放送の時代にはあったんです。

澤田　たしかに、ありました。だから、芝居の良さと映画の良さをマッチングさせた理想的な形ですね。ぼくなんか、演劇とも映画とも違うものをテレビに求めてきましたからね。

優れた先輩の教え

植村　この業界に入って、良かったと思うことは？

大山　やはり視聴者からの反応の大きさや熱さですよ。ぼくは『白い影』（73年、TBS）という白血病の医者の話をドラマにしました。渡辺淳一さんの『無影燈』が原作で、田宮二郎さんの主演。そのときに手紙が届いたんです。自分の妹は白血病で、絶望していたと言うんですね。目がよく見えないけれど、音だけで『白い影』を見ているうちに「よし、がんばろう」と言うようになり、元気を出してきたと。それで、「ありがとう」という手紙をもらったんですよ。

そのとき、テレビって単なる娯楽を超えて、見る人に多様な影響を及ぼして、励まされ、勇気づけられることが多いんだなと思って。ある種の感動を覚えました。

澤田　ぼくはタレントを育てるというか、無名のタレントを人気者にしていくことが多かったから、それが喜びかな。人気が出ると、こんなすごいことが起こるんだってことを体験しています。道頓堀で殺陣の稽古のあと森光子さんと心斎橋筋を歩いていたら、先のほうでワァワァ騒いでる。そこまで行ってみると、森光子さんを探している騒ぎなんです。追い抜いていく人が「ああ、森みっちゃんや、森みっちゃんや」と言いながら先に行くので、そこらあたりにいる人が「どこや、どこや」と探して騒ぎになる。ああ、これが人気なんだなと知りました。藤田まことさんのときも、同じ経験をしましたね。

大山　視聴率ってよくわからないじゃないですか。確かに視聴率が高いのは人気があるということですが、人のどよめきみたいなものを生で感じると、実感で圧倒されますよ。

植村　ぼくらは先輩たちの背中を見て育ってきたという面もあると思います。そこで、この人にこれを教わったという忘れられない例があれば。

大山　岡本愛彦さんには、テレビでドラマを作る姿勢のようなものを教わりましたね。野武士の集団といわれた草創期のテレビ界で、岡本さんはＮＨＫのエリートでした。それがラジオからＮＨＫ大阪へ行ってさらにＴＢＳへ移られた。番組を作る姿勢をきちんと持っていらっしゃった方でしたね。岡本さんは理屈でものを言うわけですよ。これはこういう狙いで、こういうテーマで、こういう手法を新しい試みとしてやりたい、というふうに。

テレビが生の時代は「パーフェクトは無理。すべて妥協の連続よ」なんて言う先輩もたくさんいたんですよ。完璧なものを目指そうと思っても、時間的な制約も多いし、技術的にも不備がある。どこかで妥協しなければいけないと。「妥協を我慢することが演出だ」なんて言う人もいましたが、岡本さんは、狙いがあって、テーマがあって、テーマに即してこういうことをやるというのをきちっと教えてくれた。若い人の演出を見て、このカットは「ここが良くない。こうしたほうがいい」と解説してくれるんですね。例えば、画面のなかで視聴者が見る視線がバラバラになるのはよくない。なるべく画面下から3分の2ぐらいのところに人の視線が集まってくるようにしなさい――そんなふうに、われわれ後輩にも指導してくれました。

植村　澤田さん、いかがでしょうか。

澤田　レギュラー番組が当たると、いつも前の週と違ったことをやらないと飽きられてしまうのではないかという強迫観念が出てくるんですね。何とかその思いを克服して続けていても、１００回が近くなると、いよいよ何かしなくてはいけないぞという思いにとり憑かれるんです。

そんなとき、ぼくはアメリカのテレビ映画『コンバット！』のプロデューサーの制作法をいつも思い出すことにしています。『コンバット！』はヴィック・モローとリック・ジェイソンが交代で出てくる。片方は荒っぽい硬派の鬼軍曹、片方は軟派でノンビリした二枚目の少尉。圧倒的にヴィック・モローのほうが面白いから毎週あれを放送したらという意見に、プロデューサーは「そればかりじゃダメ。リックがいるからヴィック・モローがいいんだ、ベストばかり続けるとシリーズが壊れてしまう、ただし間に入れるのはベターな作品であること、テレビとはそういうものだ」と語っていた。番組を長く続ける秘訣ですね。

東京へ出てプロデュースをやるようになって、知り合ったなかで、この人にはどうしてもかなわないという人の一人が小谷正一さん（イベントプロデューサー）。この人は、とんでもないことを考える。例えば第1回東京国際映画祭を引き受けておいて、「お前やれ」ってポンと渡される。「世界らん展」の第1回目もやらされました。どちらも大成功なのに、2回目はやらないんです。「面白いことは1回だけやればいいんだ」という哲学を持っているんですね。ふつう2回目をおいしい仕事にしたいと思うじゃないですか。だからスケールが違うなあと思いました。でも、いろんなことを小谷さんには教わりました。

それに、萩元晴彦さんと井原高忠さん。このおふたりは、タイプが全然違うんだけれども、才能のすごさを感じました。師として仕えるというかね、なんにも逆らえないです。こういう人たちに出会えたことが本当によかったと思います。そういう存在になりたいと思いますが、なかなか難しいですよ。

大山　いやいや。澤田さんはもう立派になってますよ。

「高く・広く・深く・熱く」

植村　お二人にとって良い放送人とは？

大山　広い意味でジャーナリズムの精神をどこかに持っていなければいけないと思いますね。現状をきっちり見極め、好奇心を持って、世の中の見聞を広めるという。だから、現状維持や事なかれ主義は、放送マンにとって禁句だと思います。

テレビって映像の日めくりカレンダーみたいなところがあるから、常に新しいもの、次にくるものは何かを、目をワイドにし、耳をダンボのように広げて、情報の収集力を高めておかなければならない。他の人の言うことに耳を傾け、言葉の奥にあるものを推し量る洞察力が必要だと思います。

放送って、人の欠点を暴いたり不正を告発したりするわけです。そのためには、「お前がよくそんなこと言えるな」と後ろ指をさされないためにも、身辺をきちんとして、庶民のいろいろな意見を聞かなければいけない。ただ、普通の庶民というのは、あまり口を開いて本心を言いたがらない。サイレント・マジョリティです。なら、そういう人たちの気持ちに寄り添って、彼らが本当は何を言いたいのか、どんなことを考えているのかという本音を引き出そうとしなければいけない。

それには、そういう人たちと同じ目の高さにいる必要があります。人の心を探り、忖度する気持ちがないといけない。高見に立って、メディアを使って何か伝えるということではないんです。

呼吸で言えば、積極的に吐く部分と相手から吸い込む要素の阿吽の呼吸。精神的に豊かな人でなければ、できないんじゃないでしょうか。

ぼくはよく「高く・広く・深く・熱く」と言うのですが、つまり、高い志を持ち、見聞を広めて、深く考えて、それで熱く語れと。熱くメッセージせよというのは、モノを発想し表現する者の原点です。さらに、「楽しく」が付けば、テレビ的にはパーフェクトですね。

放送業界にいると、いろいろな人に会い、さまざまな事件に出会う。自分が、否応なしに膨らんでいく。それを大事にして、次に伝えていくことができるのが最も良い放送人でしょう。そうじゃなく、一流企業に入ったからもういい、これで事なかれ主義の無難でいい、あるいは、物事を疑わないというのは、最も好ましくない放送人ではないでしょうか。

植村　いまおっしゃった4つの条件のなかでは、「深く」という部分が、最近は欠落しているような気がします。

大山　呼吸で言えば、吸う時間が長いと深くなる。

植村　それが必要ですね。

大山　大きく吸い込めば、ゆっくり熱い息が吐ける。しかし、いまは吐きっぱなしだから、せわしないし、余裕がない感じがする。

植村　吸い込む姿勢に優しさみたいなものが必要ですね。

大山　そうです。ある種の豊かさであり、優しさなんですよ。相手をこう、気持ちよく吸い取って、この人は黙っているし表情に出さないけど、どういうことなんだろうと。それを伝えていくのがテレビというものの役割。公共的な価値のあるものを伝えるって、そういう仕事だと思いますね。

基幹メディアとしての自覚

澤田　いまテレビをやりたいと思う人がいるとしたら、まず、面白い番組を作りたいというのが最初ではないでしょうか。ところが実際は報道、ドラマ、ドキュメンタリー……何であれ、面白いものを作りたいと思って入ろうという人と、就職のためだけに入ろうという人がごっちゃになっていますよね。そうやってテレビ局へ入ってくる人をどんな人材に育てていくかという方針が、テレビ局側にハッキリあるのかどうかが問題です。動機はいろいろですが、頭のいい人ばかり集めていますから、ある時期から、得手・不得手に関係なく、ぐるぐる回して、放送人として育てようと配置転換をするようになりました。各セクションを経験させて、最も向いているところに置こうとしているんでしょうが、それを見る人も次々に変わってしまうから、きちんと判定することができていないんです。

だから、ある種ほったらかしにされているというか、自分たちの才覚だけで上にあがっていかざるを得ない状態にあるんですね。偉い人たちの考え方のプロセスが、みんなに見えているかというと、そうではない。ぼくらの時代は、先輩たちがずっとひとつの仕事を続けてきていますから、何をやってきたか、どんなことを考えているかがだいたい見えていた。だから、その人についていけたんです。でも、いまはもう局の人を見ても、「以前、何をしていたんですか」と聞かなければわからないでしょう。ハッキリ言えば、各テレビ局に誰もが知っている放送人が何人いるかということですよ。昔と違って、もうビッグな放送人は出てこないのかもしれない。でも、現代社会で最もパワフルな力を持つテレビ界に、それを代表する人がいないというのは情けない。それぞれのテレビ局に5人か10人いたっておかしくないと思いませんか。

一方、われわれのような制作プロダクションの社員は、放送界で一番よく働いているはずなのに、放送界とは全く違うところにいる。ここでも、かつてはいい作品を作れば名前を知られるチャンスはあった。いまでもチャンスはあるに違いありませんが、それでも放送界にコミットされることはないと思う。

植村　業界が才能と革命児を受け入れなければならない。

澤田　映画界にはまだ人材がいたから、何とか生き延びている。放送界も経営環境が悪いから、これからは局同士の合併や買収などいろいろな変革が起きてくると思います。そんなときに放送局にもプロダクションにも、そういうことを考える人がいない。だから、これからテレビマンになる人たちに希望を持って「ああせいこうせい」と言っても、何もできないというのが現状ではないでしょうか。

何十倍、何百倍の難関を突破して入ってきたこれからの放送人がどうなっていくのか、果たして幸せなのか……いまからテレビを目指す人たちは、周りをしっかり見て、自分のポジションを決めていかなければならないと思います。

大山　マスコミは、新聞も出版もいろいろな形でリストラが始まっていると聞いています。これからはインターネットだと言われますが、基幹メディアとして一番信頼されるのは何といってもテレビジョンだと思う。だから、新聞、出版などの分野で映像に意欲のある人材を横からでも引き抜いて、立て直すべきなんですよ。長い目で見ると、テレビというのは日本人全体の教育的な役割を担わざるを得ない宿命を背負わされていると思うからです。

いま、日本は先行き不透明で、マンションなどでの孤独死に象徴されるように、無縁社会化が急速に進んでいる。従前あった「世間」とか「地域社会」は底抜け状態で崩壊して、相手は膨大なインターネットになる。雑多な情報と自分がもろに直接向き合わざるを得ない。そうすると、それは良くも悪くも、ノイズを悪意のメッセージまで一緒に受け入れるということです。そのなかで、テレビこそが信頼ある情報のプール、拠点としての大きな役割を持つと思うんですよ。

そのためには、新人を鍛えることだけではなく、老若男女さまざまな有能な人材を集めて強固にしていく必要がある。経営者もそういう視点で将来の方向を考えて、社内組織や人事政策も含め、放送界の体質をもっと豊かにリフレッシュする覚悟をしないと。新人を鍛えるだけでは、なかなか変えられないような気がする。

植村　ソフトバンクの孫正義さんが「日本人全員人事異動しなければいけない」と最近どこかで発言していましたが、そういう感じですよね。

大山　「基幹メディアとしてのテレビ」ということを考えなければいけない。国家戦略として、情報と通信の一体化で情報産業を中心に国を活性化すると言ってはいるものの、民主党中心の政権になってから具体的には誰も何も積極的に考えようとしていない。それでは、ほんとうの意味での新しいデジタル時代はこないんじゃないですか。

澤田　例えばいま、テレビのコメンテーターを、新聞社のOBがほとんど独占しているじゃないですか。テレビ生え抜きのコメンテーターってどうしていないのでしょうか。そういう人たちを育て、活字ではなく映像で育ったコメンテーターがどんどん意見を言うことになれば、少しは活性化していくし、希望も湧いてくるのですが。

大山　いまは、変わり者を排除する論理がどこの組織にもあるんですよ。しかし、放送って、本来は多様性を大事にすべきだから、異端をどんどん入れるぐらいの思い切った変革を期待したいですね。

時代をリードするソフト

植村　草創期のテレビは野武士の集団、いわばベンチャーで、現在のグーグルやアップルのような存在であったと思います。それこそ、みんな引き抜き。それで、いまネットの世界は活況を呈している。そういうベンチャーの精神に放送局も戻るべきではないでしょうか？

大山　いまの新卒の社員は80年代に生まれている。90年代以降はバブルが崩壊して、周りの環境は非常に保守的だったと思います。冒険をしないで、じっと周りを見て無難に生きていくというのが、なんとなく身に付いている世代ではないでしょうか。

だから、ベンチャー＝冒険こそメディアを前進させる源であり、そういう心を刺激する人が絶えず周辺にいて、メディアの役割をしっかりと自覚させるということを、経営者をはじめ関係者が考えるべきではないでしょうか。組織が大きくなりすぎて、守りの姿勢になっている。クリエイティブというのは、現状に疑問を持つところから出発しなければいけない。80年代に生まれた若者には現状否定の精神は持ちにくいかもしれないから、それを周りから刺激するような形が一番いいと思う。

澤田　一概に「ソフト」と言っていますが、放送メディアのソフトというのは、文学であったり、映画であったり、流れのなかのソフトでしょ。ネット上のソフトと全く違う。あれは、どちらかと言えば情報。情報に過ぎないんですよ。

大山　しかもプライベートノイズが多い。だから、本当に検証されて、信頼性に裏打ちされているわけではない。自分の独り言やつぶやきが回っているだけですからね。

澤田　情報を「作る」人が誰もいないんですよ。だから、いまはネットの世界のほうが優勢に見えますが、実は本当の意味でソフトを創造していない。いま、ソフトバンクの孫正義さんたちがやっている世界がいいとすれば、それは、こちら側があまりにも同じことばかり繰り返しているから、向こうが新しく見えるというだけの話なんですよ。本質は何もない。

ソフトバンクの幹部と話したことがありますが、自分たちにはソフトを作る自信もないし、できませんとハッキリ言っていた。デジタル化を目前にして、いまだソフトバンクはクリエイターを大量に集めるという動きを見せていない。だからこそ、テレビ局がデジタル時代をリードする新しいソフトを作ることを、いまこそ真剣に考えないといけない。

制作プロダクションはソフト集団ですが、イデオロギーも目的意識も何も持てないでいる。「その日暮らし」ですから。では、それを考えるのは誰かと言ったら、テレビ局であるべきです。何といっても、免許をもらって放送しているわけですから。「こういうソフトがほしい」というハッキリとした指示があるべきなのに、出てこないし、それを考える機関もない。企画会議でも「あそこの局で当たったものをウチへ持ってこい」とか「同じようなドラマやバラエティーを開発しよう」とか、全部右へ倣えですからね。

植村　最初のころは演劇や映画など、乗り越えるべき仮想敵があった。それがもう、ライバルもいなければ、乗り越えるものもないという地位になっちゃって……。

大山　乗り越えるべきは、マンネリズムに陥ったテレビジョン。つまり、自分自身なんですよ。

（２０１０年12月7日。一部敬称略）

第９章　大震災とメディア

ラジオの見直し

植村　未曾有の大震災が起こりました。今回は東日本大震災とメディアについて伺いたいと思います。

まず、３月11日の発災時、お二人はどうされていました。

大山　私は東京の地下鉄に乗っていたんですよ。銀座に着いて出ようとしたとき、突然グラグラ揺れだして、地下もすごい揺れでした。日本テレビで人と会うことになっていたので、銀座４丁目で30分以上、バスを待ちました。やっと新橋に着いて日テレに入ったら、ロビーにものすごい人だかり。情報を求めてテレビを見に来たんですね。ＪＲも地下鉄も止まってしまい、ラジオを持ってる人は少ないわけだから。

植村　私が第一報に接したのはテレビでしたね。

大山　その人たちも、帰宅の交通機関はどうなっているかを含めて、じっと息をつめてテレビで災害の様子を見守っていましたね。

澤田　ぼくは大阪に行く予定で、仕事先から戻って着替えて家を出ようとしたら、ウワッと来た。古いマンションの7階なので揺れた、揺れた。余震のなかでドアを開けておいて、テレビをつけたら地震情報のスーパーが出ていて、テレビ局は大丈夫なんだとうれしかった。

その後、テレビで被害状況が次々と明らかになるなかで思ったのは、われわれの仕事は当分ないなということでした。

植村　地震があると、すぐにテレビをつける人が多い。震源地と震度を確認するんですよね。ラジオは、あまりお聴きになりませんか。

澤田　一応、用意しているのでスイッチを入れました。でも、やっぱりラジオよりテレビのほうが情報が同時にいっぱい入るじゃないですか。停電にならなかったから、ずっとテレビを見ながらケータイをかけまくっていたけど、全くダメ。固定電話が一瞬つながったが、すぐにダメになった。メールが一番長く生きていましたね。

大山　盛岡市に住む作家の高橋克彦さんは、最初ラジオを聴いていたそうです。すると、聴く人たちを動揺させまいという配慮から、抑えて客観的に状況を描写しようとしている。だから、災害のひどさがよくわからなかった。それでテレビをつけたら、あまりのすさまじさに腰を抜かしたそうです。そのぐらいテレビは迫真力と臨場感があった。ラジオは、災害の全体像をうまくカバーできにくいように思うんです。

植村　わが家ではテレビの方が役に立った感じがしましたね。

澤田　ぼくも、そう強く感じましたね。テレビは新しい映像情報を次々と見せながら、画面の上と下で文字情報を刻々と入れられる。時間がたつにつれて大きな事故が次々と入ってきて、細かい情報が入らなくなりました。

ただ、テレビは東京の電車が動かないことを伝えるのが遅れたけど、ラジオは交通情報をがんばって伝えていましたね。

植村　被災地以外は電気が来ていたからテレビを見ていた。でも、被災地は見られなかったと思うんです。

大山　テレビは被災地以外に被害状況がこんなにひどいということを知らせた。でも、被災地は電気が来ないから、真っ暗でしょ。岩手の人に聞いたけれど、そのとき電池式のラジオから声が聞こえたそうです。人の声が語りかけてくる、大丈夫でしょうかという感じで。思わずラジオを抱きしめたといいます。

ラジオというのは、こんなに人の心を伝え、気持ちを癒してくれるものなのかと。ほんとにマンツーマンで親しく語りかけるような温かさがありますよ。ラジオはいろいろな経験から、声を高ぶらせて言うのではなく、「大丈夫ですよ。安心してください」とソフトに暖かく言う。

植村　感情的にならず、静かな感じでしたね。

大山　高ぶった気持ち、不安や動揺を鎮めるという役割を担っていますね。「どうですか。大変でしょうけど、われわれもちゃんと皆さんを支えます」といったことを身近に伝える。これがすごく見直されたのではないでしょうか。

あとは尋ね人ですね。もちろん、安否確認ではインターネットも大きな貢献をしたようですが、ラジオもそのうちに「○○は大丈夫」等の安否情報を放送したりということでね。だから、被災地ではラジオの方がメディアとしての力を発揮したのではないでしょうか。

被災者は、夜はほんとに真っ暗闇で、周りや全体がどうなっているかわからない。だから、ラジオが貴重なライフラインになっているんですよ。人の気持ちをホッとさせたり、勇気づけたり、情報を与えたりという、大きな役割を果たしていたということを聞きましたね。

植村　被災した人にとって、一番役に立ったメディアは何でしょうか。

大山　ぼくはラジオだと思いますね、特に電池式の。

植村　いま、東京や地方のラジオ局が被災地にラジオ受信機や電池を集めて送ったりしていますね。

大山　ラジオはＮＨＫよりも民放が地域に密着していますし、地域にはコミュニティＦＭが結構あるんですよ。地方のＡＭ局がそういう人たちと連動して情報をどんどん立体的に細かく伝えているのが、新しい動きとして非常に注目されているみたいですね。そういう意味では、ラジオは本当に見直されてくるんじゃないでしょうかね、これから。

地域に密着している民放

植村　震災報道は、視聴率的にはＮＨＫが圧勝だったそうですね。

大山　ＮＨＫは基本的に全番組を取り払って、東京局を含め強力なスタッフが応援に駆けつけ、完全に災害放送でしたね。民放は、やっぱりそうもいかない。違う番組も入ってくる。

その後の余震や被害状況などを知りたい人にとっては、ＮＨＫがほとんどずっと災害情報をやっていましたから、結果としてそうしたニーズに応えたのではないでしょうか。

植村　民放のレゾン・デートル（存在理由）というか、役どころはなんだったんでしょうか。

大山　それぞれ地域の取材は民放の方が強いんですよ。スタッフは地元出身者がほとんどだから、なじみが深いし細かい人脈もあるので、地域密着取材は強い。ＮＨＫは支局ですから、主要メンバーは地元出身者ではない。何年かごとに新しい人が赴任してくる。転出、転入者が多いので、地域との密着度は民放ほど濃くないんですよ。

澤田　民放は仙台空港に置いていたヘリを失ったけれど、系列局がヘリを飛ばして撮ったり、かなりがんばったと思う。東北の民放は、ものすごくがんばったと思いますよ。それに今回はＮＨＫも民放も、各地から取材の応援部隊がずいぶん行きましたしね。

植村　存在理由があったわけですね。

大山　今後は、東北に限って言うと地元産業が大きな打撃を受けましたから、スポンサーが減るだろうと思いますね。そういう状態だと、地元発の番組は制作費が厳しくなる。人員整理したり、省力化して、未来への投資だと思って、がんばっていく形を取らざるを得ない。それはそれで非常に苦労があると思います。

映像が語る自然災害の猛威

植村　今度の震災報道では、自然災害の猛威を映像が語るということを強烈に感じました。あれはコメントでは語れない。

大山　外国もびっくりしたのは、あの津波の映像ですね。一方で、あの映像を見すぎることによって精神的にかなりストレスになる。ですから、最初はとにかく伝えなきゃいけないということで、1週間くらいは繰り返し放送していましたけど、その後は各局とも控えるようになりましたね。

視聴者には相当なストレスですし、被災者の方も、もう見たくないわけですから。聞くところでは、編集マンが大変だったらしいですね。もっと悲惨な映像がたくさんあって……。見続けているうち、トラウマになって編集の仕事をやめた人もいたそうです。

澤田　取材に行くと、カメラマンは回すだけ回しているんですよ。その結果、人が流されたり、亡くなっていくシーンが、いっぱい写っている。いや、写ってしまう。いと思いました。

植村　時間の経過とともに報道の中身が変わっていったのは、必然ではあるが、すご

澤田　メディアは終始煽っていませんでした。抑えて伝えていた。ただ、誰かがコントロールしているわけじゃないと思いますがね。

大山　現場の常識、現場の判断に任せているんですね。

澤田　ぼくなんかは「笑いは不謹慎だ」ということは常に頭にありますから、これでお笑い番組は当分やれないなと覚悟しましたし、放送もすぐ中止に決定しました。ニュースもかなり自主規制していましたが、原発については真実を知っていて伝えなかったのか、本当に知らなかったのか、これから検証されることになるんでしょうね。

大山　民放について言うと、これから視聴率が悪くなった場合にどう対策を打つか。これまでのように簡単に、お笑いを入れるとか、そういう手法が通用しにくくなるということはあると思うんですよ。ですから、視聴者を奪回するにはどうするか真剣に考えて、日本人の意識が変わっちゃったから、いままでにない発想で、人の心をどうつかむかを考えなきゃいけない。そうした機会でもあると思うんですけどね。

生活に不可欠な娯楽

植村　レギュラー番組への復帰の仕方については、どうお考えになりました。被災地と被災地以外では視聴者の受け取り方が違うと思うんですが、娯楽番組などの被災地での反応はどうだったんでしょう。

大山　3週目から徐々に変わりましたよね。民放はもっと早くから戻したかったでしょうけど、時期としてはちょうどよかったんじゃないですかね。

澤田　娯楽番組は、NHKは朝の連続テレビ小説も1週間やめて、ニュースと解説をずっとやっていた。民放は局によって温度差がありましたけど、だんだん笑い声が入った番組が増えていって、4月に入ったらだいたい戻ったんじゃないですか。ぼくが思ったより早かったですね。

大山　非常時には文化、芸能はいらないと言う人もいるけれど、やっぱり人間の生活というのは、「地域と暮らし」、それから「産業」「経済」とありますよね。それと「娯楽」の3本柱は必要だと思うんですよ。あまり自粛して、それこそ不況になっちゃったらまずいでしょう。民放は特に、産業の活性化とか視聴者への精神的な癒しを含めて、エンターテインメントを提供しているわけですからね。

だから、ちょうどいいタイミングでレギュラー番組が復活してきたとは思います。ただ、いろいろなイベントが中止されるなかで、放送局が自主的にコンサートとかイベントを昼間にやるというような形で、どんどん仕掛けていっていいと思いますね。

澤田　音楽は割と早くやれると思うんですよ。音楽によって癒されるという面があるから、ヒットソングであろうと懐メロであろうと一種の連帯感があるし、知っている歌であればあるほど一緒に楽しめるということがあるじゃないですか。

阪神・淡路大震災のときも、西郷輝彦さん、三田明さんから何かできないかと相談されて、橋幸夫さんを代表に「歌で結ぶ絆の会」を作って大勢の歌手が被災地で幾度もコンサートをやりました。それでも、仮設住宅ができるあたりからでした。それ以前は、ぼくが被災地の自治体に交渉に行っても、そんなことをやってる場合じゃないよと拒否されましたね。でも、首長さんが乗ってくれたところを順番に回っていくうちに、だんだんと呼んでもらえるようになりました。

でも〝笑い〟は不謹慎ということになって、阪神・淡路のときも一番遅れましたね。今回もどうしたらいいか、真剣に考えています。もちろん義援金集めは漫才大会などでやっていますが、避難所住まいの皆さんのところで笑いのイベントがいつになったら受け入れてもらえるか。やはり一番遅れるんではないでしょうか。

自粛と復活

澤田　いま東京では大きなイベントが全部中止になっています。問題は、たくさんの人がそれで生活していることで、もう1～2カ月たったら困る人がいっぱい出てきますよ。6月からどれくらい復活するかに命がかかっています。

植村　シュリンク（萎縮）の連鎖で、ますます不況になっていきますよね。

澤田　テレビは放送を続けていますが、かなりの期間、番組が全部飛んだ。これは制作プロダクションにとっては、支払いや制作費の回収が全て止まってしまったということです。

資金繰りで危ないところがいっぱいあるので、なんでもいいから、制作プロダクションに仕事が欲しい。でないと、倒産する制作会社が続出すると思います。

大山　ニューヨーク・タイムズなんかは、日本のマスコミの自粛の行き過ぎをずいぶん批判的に書いていたそうです。日本は自粛となると全体に沈みがちになりますよね。そうすると、そんなにひどい災害があるのかと、原発事故なんかを絡めて日本から食料や製品の輸入を禁止したりして、そういうことに及ぶんですよ。だから早く日常に戻って、東北の周辺は元気な姿できちんと協力して被災地を支えようという動きを見せるのが、望ましい形なのではないでしょうか。

澤田　東北・関東以外は、いわゆる直接的な被害はなかったわけです。関西に行くと、雰囲気は震災以前と全く同じ。ところがずっと元気だった大都市の東京に暗い重苦しい空気が漂っている。節電に協力してビルも電気を消しているから、街灯が消えている道路は終戦後みたいな感じ。

世界に冠たる大都市の東京が、このまま沈んでいくのは決していいことじゃないわけで、東京のキー局が話し合って、ここは一番、テレビが主導する復活プランを考えて発表してほしい。このままでいくと、世論に押されて石油ショックのときのように、テレビは夜11時までということになりかねない。

大山　そうですね。ほんとは早くテレビが正常で健全な形を見せていくというのが大事なような気がしますね。いままで東京一極集中のテレビ番組が地方に雨傘方式で一斉に放送されていたから、東京の番組に元気がないと日本全国に元気がなくなっちゃうんですよ。

だから、生き方を考え直さなきゃいけないという問題が、むしろわれわれに突きつけられているんですよ。東京一極集中をなるべく分散して、関西はまだまだ元気だとか、九州は新幹線が開通してパワフルだとか、それぞれが自分の地域というものを見つめ直して、新しい文化を開発していくようにならないといけないんじゃないかなと思いましたね。

澤田　日本人の暮らし、生き方を根本的に考え直さなきゃいけない。

大山　そういう意味では、マスメディアのなかで、テレビもラジオも基幹メディアとして再認識されたわけですから、日本人の新しい生き方をどう構築するかに関して、世論を喚起する役割を担っていかないといけないと思います。

エールを送り続ける

植村　今後の復興にあたって、しばらくは節電、エネルギーも不足するというなかで、メディアはどう対応していけばいいんでしょうか。

大山　今度の震災で、情報が不可欠のライフラインであるということをみんながわかった、その意識が徹底されつつあると思うんですね。だから、信頼できる情報を中心に、国民生活を円滑化するようなエンターテインメントやスポーツが大事であって、日本全体を「がんばろう」というような役割をマスメディア、特にテレビは果たしていかなければいけない。「節電しましょう」ももちろんいいんだけれども、精神としては絶えず番組を通じて日本人へのエールを送り続けていくことが必要ではないでしょうか。

澤田　テレビの持っている役割としてみんなが認めているのは、生活の潤いみたいなことだったと思う。それをもう少し進めて、何か世の中に活力を与え得るようなものにしていかざるを得ないんじゃないですかね。そうしないと支持されなくなってしまう可能性がある。震災は、そういうことを考えるチャンスではあると思うんです。ドラマなんかでも、やっぱり作る方の気持ちも見る方の気持ちも、変わってくると思うから。

中止になっている映画がいっぱいあるじゃないですか。ぼくが楽しみにしていた『のぼうの城』（犬童一心・樋口真嗣共同監督）が〝水攻め〟というので上映延期、地震や地球や人類の危機を訴えるSFも上映中止。

ソフトづくりが自然現象とすごくリンクしているということを、われわれはあまり考えていなかった。何か面白いものはないか、もっと刺激的なものはないかということばかり考えてきたけれども、それが全く無力化している。これからは企画の方向が変わっていく可能性があると思いますね。

大山　東北でいうと、山形県出身の井上ひさしさんに『たいこどんどん』という面白い時代劇があるんで、そんな作品を取り上げるとか。それから、東北人の良さを描いた藤沢周平さんの小説、秋田の「わらび座」という劇団の『アテルイ』。これは坂上田村麻呂と東北のアテルイの戦いを描いて、東北人の心意気、がんばりを見せた芝居。東北を回って元気づけようとして提供するのがいいんじゃないかと思いますね。

植村　クリエイティブというものは、クリエイターが受けた感動をほかの人にも伝えたいということが、そもそもの原点ですよね。震災をきっかけにクリエイティブが、そういう本来の姿に戻っていってくれるといいなという感じがするんですけどね。

大山　そうですね。元に戻すというのも、派手な照明を使って華麗にというより、もうちょっと地道に人間の生き方とか暮らしというものを見つめ直しながら、元気を出そうという方向へ行くべきだし、そうなるんじゃないでしょうか。みんなをほっとさせながら笑わせる、新しい寅さん映画のような喜劇が東京でも発せられるといいなと思っています。

澤田　われわれは戦時中の思い出というのをほとんど忘れてしまっているけど、あのころは明日をも知れない毎日で、ぼくも未来なんて全く考えなかった少年時代を過ごしている。それに比べたら、いまはそういう状態ではないんだから、何か可能性を探していけばいいと思いますね。新しい娯楽というものを模索するチャンスだと思うんです。早く精神的に立ち直らないと。クリエイターたちも、自粛するのをやめて激しく動き出さなければ。

クリエイター同士の交流

植村　クリエイティブも、人まねだけじゃなく、業界一体になってやり直すことを考えないといけないんじゃないですか。もうちょっと一緒にやるという感じが出てこないとだめですよね。

大山　そうです。NHKと民放が一緒になって、日本のエンターテインメントをどうしていくかということを真剣に話し合ったりするべきなんですね。NHKと民放の垣根を越えた番組づくりというのがあってもいいと思うんですよ。ラジオがそうですよね。この5月に民放とNHK一緒に、若者をラジオに親しんでもらおうと共同キャンペーンを起こそうとしています（震災の影響で10月に延期＝編集部注）。

NHKは、亀渕昭信さん（元ニッポン放送社長）を呼び込んで、民放ラジオのいい番組を紹介する番組（『亀渕昭信のにっぽん全国ラジオめぐり』ラジオ第一放送、隔週火曜20時05分〜20時55分）を始めている。１回目は中国放送の『秘密の音園』でしたね。それから、民放を含めた日本のコンクールで受賞したテレビ番組を紹介する番組（BS『ザ・ベストテレビ』）を放送している。ああいう企画をもっと拡大して、スタッフもどんどん相乗りして、交流し合って作っていくというようなことに取り組むべきですね。

澤田　いろんなジャンルに指導性のある人が出れば、だいぶ変わると思うんです。関東大震災後の後藤新平の考えはすごかったという話をテレビでやっていましたけど、思い切ったことを考えるすごい人が出てきて大胆なことをやらない限り、誰も奮い立たない。

大山　だから放送も、民放とNHKのドッキングで上質で新鮮なエンターテインメントを開発することはもちろん、ウェブのクリエイターといった人たちも巻き込んで、それこそオールジャパンで新しいソフトづくりに取り組むべきだと思いますね。新しい日本の国際的に通用するエンターテインメントをどうやって開発すべきか、いまこそ力を合わせて取り組むときでしょう。そういうきっかけを与えられた気がするんですよね。

植村　それにつけても身体を張って業界をリードする人が欲しい。風雲児の出現が待たれますね。

（2011年4月5日。一部敬称略）

第10章　スポーツ、子ども番組

プロ野球中継の変化

植村　今回は、いままで取り上げたことのないスポーツ番組と子ども番組を中心にお話を伺います。

スポーツ番組では、まず栄枯盛衰のあるプロ野球中継。民放の開局以来、ジャイアンツ（読売巨人軍）戦を中心に放送されてきたわけですが、1983年は巨人が優勝した年で、平均視聴率が27・1％もありました。

大山　スポーツ中継の草分けは、プロ野球とプロレス。日本テレビが新橋駅前や有楽町などで「街頭テレビ」という画期的な方式で黒山の人だかりができたのがプロレスです。同時にプロ野球の中継もどんどん進めた。そこに58年、長嶋茂雄というスーパーヒーローが出てくるんです。そのころからプロ野球が国民的スポーツになりましたね。

ところが、10年ぐらい前から巨人戦で視聴率がとれなくなった。日本人の人気選手が本場のメジャーリーグで活躍、NHKが生中継する野球のジャンルが広がってきた。それで日本のプロ野球の印象がだんだん薄くなってきた。テレビの初期から中期までは、プロ野球中継が持つ力はすごかったですよ。テレビを普及させる大きな力の一つになっていた。

植村　最近、プロ野球中継はBSで見られているようですね。

大山　CSにも野球中継の専門チャンネルがあるんですよ。

澤田　地上波で中継やめたっていう情報が行き渡り過ぎて、プロ野球の中継が全てなくなったと思ってる人がいる。視聴率が下がったのは、活躍が気になるスーパースターがいないことに尽きると思いますが、こればっかりは勝負事ですから演出ではどうにもならない。

大山　パ・リーグの人気が結構あるじゃないですか。若い良い選手がパ・リーグに多い。そういう意味で巨人戦は、ひところのように絶対じゃなくなった感じはしますね。

澤田　もともと関西はジャイアンツでなくタイガースです。読売テレビが仕方なくタイガースの番組を作ったくらいです。甲子園の阪神・巨人戦はキラーコンテンツで、東京は巨人がどのチームと対戦してもキラーコンテンツだった。ところが、その巨人が絡む中継の視聴率がどんどん下がるようになってきた。そこへデジタル化で、テレビは多チャンネル化、視聴者は分散化していくから、もはや巨人戦がキラーコンテンツになることは考えられない。中継権獲得するのに各局が競ったことなど夢物語ですね。

植村　サッカーは、Jリーグがスタートして国民の意識が変わりましたね。Jリーグは始まった93年に結構、視聴率をとった。2年目以降は徐々に落ちて、いまは地上波のゴールデンタイムで放送することはないでしょう。２００９年の「年間ベスト視聴率30」をみると、半分以上がスポーツ番組です。1位がプロボクシング。ワールドベースボールクラシックが3位で、サッカーも国際試合は入っています。日本人は、日の丸がかかると見るんですね。

澤田　しかも日本が強くないとだめなんですよ。戦前のベルリンオリンピック（１９３６年）のときラジオの実況中継がすごい影響力があって、全国民が「前畑ガンバレ」を知っていて語り継いだ。

国際的に戦える選手の出やすい野球とかサッカーなんかが、スーパースターが出やすい。もう一つは、マラソン。駅伝も含めて、視聴率の高さが特筆されますね。

大山 あれも結局、選手なんですよ。東京オリンピックの円谷幸吉もそうだったけど、瀬古利彦、有森裕子、それから高橋尚子。やっぱりスター選手が出てくると盛り上がる。

植村 最近、フィギュアスケートが視聴率をとるんですよね。

大山 それも日本人が強いからですよ。成績の良い選手が男女とも出てきたじゃないですか、ごそっとね。フィギュアスケートっていうのは、日本人というより、アジア人向きだと思うんですよ。外国人は背が大き過ぎるから、何となく滑ってて安定感に欠ける気がしないでもない。アジア人は概して小柄でバランスがいいし、柔らかいでしょ、身体が。非常に美しい線を身体で描きながら踊る感じがしてね。

植村 スターがいる、国旗を背負ったスポーツ中継の視聴率は、間違いなく上がりますね。

女性ファンの増加

大山 スポーツ選手は肉体美と精神性、その両方が人間として望ましい形で発露されている。人間として能力の素晴らしさを具体的に見せてくれるわけです。それはスピードであり、記録であり、未知の世界への挑戦者でもある。選手たちは人知れぬ努力をして、愚痴もこぼさず、黙々とつらいトレーニングに耐えて、やっと勝利をつかんだという感動があるわけですよ。だからスポーツは単に競技能力の高さを見て楽しむだけじゃなくて、その選手の総体をいろんな角度から掘り下げるべきものなのでしょうね。信念、生きざま、けなげな努力、仲間との切磋琢磨などの精神面をね。

しかも、スポーツの良さはうそがないこと。結果が一本勝負で決まる潔さもある。スピード競技で八百長はまずない。3・11以降、日本人は、人間の持ってる力を知りたい、確かめたい、夢を見たいと思っている。そういう場合、失敗を乗り越えて自らの限界に打ち勝とうと努力するスポーツ選手の姿というのは励みになるはずです。

植村　ぼくは、昔のプロ野球の〝野人〟選手たち、西鉄の大下弘とか中西太とか、ひと晩遊んでプレーボール直前に球場に駆けつけて、それでホームラン打っちゃうなんていうところにスター性を感じましたけど、そういう選手はいなくなりましたね。

澤田　いまは行儀よくないと、まずスターの座につけない。高校時代、多少ハメを外してもセーフだったのに、プロに入団したら書き立てられてオロオロするということがある。人気商売だから取材が多いのはいいけど、それでダメになってしまうケースもある。だから、いまは私生活のマネジメントが必要。コーチとマネジャーがすごく大事ですね。時々は失敗しますけど、スポーツ界も最近は話題づくりもかなりうまくなってますよ。相撲界はマネジメントがわかっていない。

大山　それと、スポーツ全体に女性のお客さんが急速に伸びているんですよ。野球も「レディースデー」を作ったり、女性用トイレを増やしたり。ボクシングなんて、昔は女の人は「殴り合いは嫌」と目を伏せて見なかったのに、いまは「それ行け！　やれ！」女性が男性化したというか。

澤田　アメリカナイズされてきた。肉食系になったんですよ。

大山　見る層が広がってるから、いろんなスポーツ競技にメディアが作るヒーローが増えている。ヒール＝悪役も同時に作られていく。ボクシングの亀田兄弟なんかは、意識的に作られたヒーローっていう気がするんですよ。

澤田　スポーツの表芸と裏芸。いま完全に両方とも全てテレビが関わっていますけど、交互に積み上げて相乗効果を狙っている。昔はスポーツを、いわゆる芸能的なワイドショーでは取り上げなかったけど、いまはワイドショーで取り上げないスポーツは人気がないといってもいいでしょう。

大山　そのせいだけじゃないでしょうけど、中学に入るか入らないかの子どもたちに聞くと、男の子の夢はスポーツ選手になりたいというのが多いんですよ。やっぱりスポーツ選手は若い世代の憧れの対象になるってことはありますね。

スポーツ中継の技術的工夫

植村　スポーツは、デジタル時代のテレビソフトとしてふさわしいんでしょうね。

大山　まずは、筋書きのない意外性のあるドラマ的面白さ。勝負を楽しむ以外に、いろんな局面でスポーツを見るという意味で、励まされたり、癒されたり、拍手を送りたくなったりという素朴な感動があるから、やっぱり強いソフトじゃないですかね。

植村　スポーツ中継に、選手のちょっとした人間ドキュメンタリーみたいなものがインサートされますね。

大山　日本人は、そういうのがうまいんですよ。野球中継でも、外国ではプレーを見せることに専念してるんだけど、日本の場合は何かっていうと監督のリアクション撮ったりね。こういうとき監督はどんな顔してるんだろうっていう視聴者のニーズにちゃんと応えている。これは他の国にはないんじゃないですかね。

澤田「箱根駅伝」などもそうですね。試合だけじゃなく、合間に監督や選手のエピソードを挿入して盛り上げる。あれは面白いですよ。優勝が決まったあと裏ドラマをすぐ見せてくれるしね。

植村　やっぱり日本は、番組づくりがうまいんでしょうか。

大山　選手のヒューマンドラマ、家族ドラマなど、多くの角度からのあおり方がうまいんじゃないですか。

それから、番組化するとき技術的にいろんな工夫を凝らす。野球中継も最初はバックネット裏から撮ってたのを、逆側に回ってセンター方向からキャッチャーに向かって撮るとか。いまは、審判のプロテクターにつけた超小型カメラでピッチャーの投げるボールのスピードを測ったり、バッターが球を打ったときのインパクトを強く見せたりね。バレーボール中継でも、選手が跳んだりすると床がキュッキュッと音を立てますよね。あの音を拾おうとしてマイクを置くとかね。それから集音マイクを使ってタイムの作戦会議で監督が何を指示してるか、全部聞こえるようにしたり。放送上、非常に豊かな表現を工夫してるんですよ。外国はもうちょっと単純。

ただ、サッカーだけはヨーロッパがすごい。FIFAワールドカップでは、HBS(Host Broadcast Services)という専属の中継チームが来ますよ。日本の中継は全体を映して動きが始まるとその部分を追うんだけど、HBSは見事に寄ったアップに近いサイズで素早くボールの動きを捉える。サッカーをよく知ってるスタッフだからできるんでしょうね。

植村　サッカーはフォーメーションゲームだから、基本的に1台で押さえておけば、スタジアムで観戦してるのと同じ臨場感。それがいちばん面白いという人もいるんですが。

大山　でも入門編としては、プレーするそばで選手を見たい。間近で見るのがテレビ中継の良さでね。ロングに引いたら退屈というか、高い料金払って大相撲を遠い桟敷で見てるのと同じ。テレビは間近の臨場感が求められるともいえる。被写体が遠いと、視聴者はがっかりするかもしれない。

澤田　昔の野球ファンは球場へ行かなきゃだめだって言ったものですが、テレビ観戦ばかりのぼくが、たまに球場へ行ったら全部引きの絵ですから、全然つまらないんです。当たり前ですが、スコアボードの大画面もインプレー中は何も映してくれない。いま中継でカメラ26台ぐらい使ってるという話を聞きました。野球中継が減ると、その中継技術がどんどん衰退していくんじゃないかって心配している人もいる。日本の野球中継は表現力では極限まで来てるんじゃないですか。

植村　日本テレビは「箱根駅伝」で、山間部のマイクロ波をいかに飛ばすかを克服することによって生放送を可能にした。最初の何年間か、テレビ東京が放送してたんですよ。当時はヘリも追尾装置もないわけです。だから追っかけVっていうやつで、同時じゃなかったんです。もともと主催者が読売新聞ということで、ある時期から日本テレビに移った。日本テレビは機材がありますし、態勢が敷けるから、初めてちゃんとした生中継になった。「青梅マラソン」なんかもオートバイで運んで追っかけVでやってたんで、時差があった。そういう苦労をいっぱいしてるんです、テレビ東京って局は。

澤田　「箱根駅伝」はもう放送技術の粋でしょ。スポーツ中継は、日本人の一番器用な、細かいところまで手が届くという格好の例じゃないですか。ロボットでカメラを回すとか、陸上の100メートルをランナーのスピードに合わせて真上から撮るとか。

国際スポーツ大会

大山　国際スポーツ大会は視聴率がとれるし、イメージ的にもいいので、放映権の取り合いなんですよ。権利金がすごいらしいですよ、いま。億単位に高くなって。

植村　こんな不景気でも変わらないんですか。

大山　若干、変わるでしょうが、ものすごく放映権料が高いから、日本はコンソーシアム方式で民放とＮＨＫが放映権を共同購入して、一括してやろうということになった。

植村　国際スポーツは営業的にも売れるんですよね。

澤田　電通が、意識的に積極的にスポーツイベントに手を広げてきた。スタンドの広告、みんな日本の商品じゃないですか。あれ、全部押さえてるわけでしょう。スポンサーの国際化と日本のスポーツの国際化との時期が合ってた。だから、いまのように内向きになってきたとき、スポーツにもスポンサーがつきにくくなる可能性もありますよ。円高の影響はどう出ますかね。

大山　76年かな、ＴＢＳがマスターズ中継を始めたのは。最初は早朝にゴルフなんか見るかって、みんな猛反対してたのをＴＢＳが提案に乗って、それから独占みたいな形で。

澤田　ゴルフもスターがいないとだめですね。そのためにドラマチックな勝ち方をする必要がある。しかも日本人で……。

大山　男性も女性も選手たちのルックスがよくなってません？

澤田　フィギュアスケートなんかもそうですね。

植村　デジタル化で、ハイビジョン画質に耐えなきゃいけない。いちばん絵になるのはフィギュアとゴルフですかね。

澤田　フィギュアの安藤美姫選手なんて、もう日本人離れした、いい顔つきになってきた。強いと本当にきれいになってくるね。こちらの感情が入ってくるからでしょうけどね。

大山　いま日本人ここにありっていうのは、政治にも経済にも、これという人材が見当たらない。国際的に誇るべき日本人はアーティストや海外で活躍するスポーツ選手しかいない。

子ども番組がなくなった

植村　いま若者に夢を持たせることのできるのはスポーツ選手しかいないというお話がありましたが、夢も希望もないといわれるこの時代に、子どもたちには、これからの日本、世界を背負っていってもらわなきゃならない。そんななかで、放送が果たさなければならない役割、彼らに夢を与えるということができるんでしょうか。

大山　いまやアニメぐらいしかないんじゃないですかね。ＮＨＫは、幼児番組も含めて『おかあさんといっしょ』とか『中学生日記』（12年3月終了）とか、ドラマなんかでもちゃんと子ども向けの番組を放送してきています。

民放の場合、テレビ朝日の前身は日本教育テレビ（NET）といって、教育機能を充実させるという設立趣旨だったんだけど、それでは視聴率がとれない、民放としては経営的に成り立たないということで、いつの間にか一般局になった。フジテレビも「母と子のフジテレビ」って、初期は子ども番組を重視して編成していた。志は持っていても、実際に民放という経営の立場に立ったときに、うまく適応しなかったということでしょうか。メディアの役割、使命があるから、ノースポンサーでもやろうっていうところには踏み込めない。

澤田　日本テレビは60年代から70年代に『おはよう！こどもショー』や、うつみ宮土理の『ロンパールーム』をやっていました。

大山　70年代に『セサミストリート』がNHKで放送されて、これは新しいスタイルの子ども番組として大変なブームになった。アメリカが20年かかって開発した幼児番組ですからね。で、NHKはすぐ、そのフォーマットをまねするんです。

民放も、いま言った『ロンパールーム』とか、各局横並びで子ども番組を作るんですよ。TBSでは『ワンツージャンプ！』っていうのがありました。それが80年代になって、みんな消えていっちゃうんです。それで、フジテレビの『ひらけ！ポンキッキ』くらいしか残らなくなっちゃった。

植村　『カリキュラマシーン』も、『セサミストリート』と『巨泉×前武ゲバゲバ90分！』を一緒にしたような。

澤田　そうそう。あれは大人が見ても楽しかった。凝りに凝って。子どもたちも、ちょっと背伸びしたいから、面白がる。

植村　子ども番組が、なくなった理由は何ですか。

大山　各局、夕方にワイドショーがいっぱい出てきて、その時間帯の子ども番組が全部、吸収されちゃうんです。いま言った子ども番組は、ほとんど朝なんですよ。午前10時とかそのあたり。夕方はアニメ。ある程度の時間が民放にも子ども向けに確保されていたのが、80年代に少しずつつぶされていく。

澤田　スポンサーの問題もあるんじゃないですか。

大山　それも大きいでしょうね。

澤田　子ども対象の番組そのものがだんだん減っていくんですよ。夕方のアニメがニュースショーに取って代わられる。

植村　アニメも、一時に比べると減ってますね。

大山　テレビ東京が、まだがんばってる。

植村　ゴールデンタイムの7時台でもやってますね。

大山　フジテレビでは『サザエさん』、それから『ちびまる子ちゃん』。でも、あの視聴者は子どもだけじゃなくて、家族ですよ。アニメでもああいうファミリー物は強いですよね。

親と子のコミュニケーション

大山　聞くところでは、アニメでも少年が精神的に不安定になったり、周りからシカトされたり、そういう主人公が増えている。3・11以前から子どもたちも、ある意味で追い詰められていたんですよ。親は塾に行って勉強して、いい学校に入れっていう。ストレスたまりますよ。学校の授業が終わっても、いろんな習い事がある。小学校高学年、中学生になると身体と精神のバランスが崩れて、悩む。それでも友達には言えない、親はまったく聞こうともしない。孤立化する。

男の子はそういうとき、深夜の番組を一人で見てる。そうすると芸人たちがポカポカ殴り合ったりするのを見て、ストレス解消になる。そういう少し病んだ気持ちをテレビを見ることによって救われようとするんだけど、部分的、瞬間的だから本質的な解決にはつながらない。だからアニメでも、自分に近い気弱な自信のない主人公に夢中になる。

子どもも親と一緒に見れば、ちょっとした親との会話で「ああ、こういうことか」って内容を理解することになっていくわけだけど、孤立化してテレビを見ちゃうと、それをどう受け取るかっていう以前に、自分の心情を解決する手段としてテレビを使う、そんなことになり始めてるような気がする。

澤田　幼児のためのテレビ番組っていうのは、必要なのに、ほとんどなくなりましたね。親の方も共働きが多くて、子どもを保育所とかにすぐ預けちゃうから。

植村　親と子との接触時間が少ない。テレビを見る時間が増え、幼児番組が少ないので、大人の番組を見る時間が増える。

澤田　だからテレビ視聴が、年齢的に上の方、上の方へと上がっていく。内容が大人っぽくなっていくでしょ、アニメも。そのテレビを一人で見ている子どもが大人になっていく。その影響は将来、当然出ると思いますよ。

私が主宰する「笑いと健康学会」にそういう研究をしている人がいて、5歳児がキレたりするのは、0歳のときからの育て方に原因があるって研究発表をした。最近の親は、テレビを子守代わりに見せてる。テレビって色や音楽、画面の変化がすごく刺激的だっていうんですよ、子どもにとっては。昔は赤ちゃんの寝ている上に〝がらがら〟が吊ってあって、時々親が覗いて、ポンと突くとがらがらと回る。幼児は、その程度の刺激にしか耐えられないっていうんです。その結果、大人になって事件を起こすような子どもが出てくる。テレビの影響は大きいと言われて、なるほどと思ったから、思わず「すみません」って謝ったんだけど。

植村　親と子のコミュニケーションがないんですね。

澤田　それもテレビのせいだって。じゃあ、テレビのない世界に戻れるかっていったら、そういう親もなかにはいますけど、大多数は捨てられない。地震のときだって、テレビがあってよかったっていう人が多かったですよ。テレビは生活必需品になってる。

大山　子どもにとってみると、防衛力が弱い時期に強烈な刺激の強い映像を浴びせかけられ続けると、放射線じゃないけれども、将来的になんらかの影響は出るでしょう。確かに子守代わりにテレビの前に座らせてる親の話もよく聞きますから、子どもたちにとって難しい時代ですよね。親だって、少子化で家族も少ないし、マニュアルにない子どもの言動を見て、どうやって子どもを育てていいかわからない。

植村　幼児向けの番組なんて、もうほとんどないんでしょ。
大山　ないですね。いまは、もうＮＨＫ教育の『おかあさんといっしょ』くらいじゃないですかね。
澤田　テレビ局からいえば、このジャンルは必要ないということでしょう。親の方はそのことに気づいていない。どんどん要求した方がいい。
大山　だから本当は『サザエさん』『ちびまる子ちゃん』『アンパンマン』とか、ほのぼのしたアニメーションが家族と一緒に話し合いながら見るといいんですよ。そうすると、いろんな生きる知恵やヒントが楽しみながら身についていく。
植村　男の子向けの仮面ライダー的なものは減りましたか？
大山　まだ頑張ってるでしょう。
澤田　子どもが楽しむ着ぐるみショーはいろいろあって、イベントなんかで地方も回ってますけど、子どもとお母さんが観覧席にびっしり。人気のテレビ番組そのままの着ぐるみがセリフに合わせて動くだけのものですが、音楽もセリフも全部テープで、よくできてますよ。
　みんな良いお母さんになろうと努力するし、子どもに情操教育したいっていう親はいっぱいいるわけですから、絵本とか子どもの本も、よく売れてます。テレビがいま、そのニーズをどこまで吸収しているかというと、確かに初期のころのような熱心な子ども番組づくりの気持ちはないでしょうね。

しっかりした情操教育番組を

植村　昔はアメリカの子ども番組を一生懸命研究されていた方がいましたけど、いま子ども向けに、しっかりした情操教育番組を作れるような人っていないんじゃないですかね。

大山　そういう向学心が高くて、子育てを学びたいっていう人たちを対象に、番組もそうだけれども、イベントを仕掛けて、いろんなかたちで悩みや苦労を話し合ったりする機会を放送局が作っていくことも必要なような気がしますね。

澤田　新しい子ども番組の開発とか、優れた子ども番組に賞を出すという、そういう動きはないでしょう。少子化で子どもが大事だ。人口が少ない国は滅びるというのが本当なら、真剣に取り組まないといけないでしょうね。経済効率ばかり考えてると、逆に切り捨てられていくんですよ。

大山　年寄りと子どもっていう、いま大切な層をテレビ番組が半ば切り捨てているのはやっぱりおかしいですよ。

澤田　テレビが若い層だけを狙って、上下を切り捨ててる。年寄りは見るものがないって言えるけど、子どもは意見を言えませんから、なんとか親が声を出さないと。ぼくはこれからのテレビは、この両方を意識していかなかったら成り立たないと思ってるんですけどね。

大山　震災のとき指摘されたのは、親は確かに自らの意志で多くあの報道を見たわけですが、子どもたちは、おそらく親と一緒に無防備な状態であれを見て、ＰＴＳＤっていうのか、より心に深い傷を負ったのではないかという心配があることです。ああいうときこそ、子ども向けに絵本の読み聞かせをしたり、一緒に歌を歌ったり、心を癒すチャンネルがあるべきだって提言された学者もいました。

澤田　ぼくはいま絵本の出版社と仕掛け絵本の仕事をしているので聞いたんですが、絵本をいっぱい被災地に贈ったりしてました。ほんとはいろんなジャンルのスターが被災地を訪れて、子どもに本を読んで聞かせるとか、そういうことをやらなきゃいけないんでしょうね。

植村　視聴率調査の区分で「チャイルド（Ｃ）」っていうのは４歳から始まるんですね。３歳までは含まれてないってことなんです。そのことも送り手は考えなきゃいけないかもしれません。母親が随伴して見るんでしょうけど、ほとんど。

大山　人間の成長にとっては、いちばん大事な時期ですね。だから、母親教育に重点を置いた番組づくり。母親に見せるっていうか、子育てのいろんなノウハウをドラマ形式で見せるとかあってほしいですよ。短い時間でもいいですから。

澤田　いまの日本は核家族化して、母親が子育ての勉強をするシステムがないじゃないですか。昔は大家族という装置があちこちにあったけど。その原因はやっぱりテレビにあると思うんですよ、昔はなかったメディアですから。その影響をいまこそテレビ自身が考えないといけないと思っています。

（2011年6月7日。一部敬称略）

第11章　テレビに望むもの――山田太一氏を迎えて

最近のテレビ

植村　今回は、このシリーズ初めてのゲストをお迎えしました。作家の山田太一さんです。山田さん、最近テレビをご覧になっていますか。

山田　大体毎日2時間ぐらい見ていますですね。ニュースを見たり、映画は1作品見れば、それだけで2時間ぐらいになりますから、3時間ぐらいのときもあります。欠かさず見ているのは『新婚さんいらっしゃい！』（朝日放送）。皆、結婚という人生のすごく大事なところを結構簡単に決めているんだなって。いったん決めちゃうと相手のひどさに気がついても、そう簡単にはやめられないから、この先、この人たちどうなるんだろうと思うような夫婦もいっぱい出てきますですね。飽きないですよ、面白くて。

植村　『新婚さん』をご覧になる理由は、若者をもっと知りたいとかいう意味合いがあるんでしょうか。

山田　そういう意味合いもありますけれど、単純に面白いですね。こういう組み合わせもあるのかっていうことを知る興味ですね。こういう種類の番組が昔はいろいろありましたけど、ミヤコ蝶々と南都雄二の『夫婦善哉』（朝日放送）とか、とても面白かった。

澤田　まだラジオの時代に『夫婦善哉』の第1回目が公開トークショーでおこなわれた。おひなさま特集っていう特番で、ぼくは入社がきまって見学に行ったんです。大変な人気で聴取率もよかったのでレギュラーになった。ちょうど森繁さんが宝塚映画で『夫婦善哉』（豊田四郎監督）を撮っていて、そのタイトルでいいんじゃないかと。

こんなに赤裸々に喋るのは顔が映らないからだろうなと思っていたら、テレビ番組にするという企画がでて、ぼくがディレクターでテスト版をつくったらめちゃくちゃ面白かった。でも営業から反対がでて、いったんお蔵入りになったのが、スポンサーがぜひやりたいというので実現した。

じつは『新婚さんいらっしゃい！』の前に、大阪ローカルで『ただいま恋愛中』

（朝日放送）というのをやったんです。やすしきよしと仁鶴でね。恋愛中のカップルを探してくるんですが、恋愛中のカップルのしゃべることには嘘が多いんですよ。テレビに出ることで親に承認させるのを狙ってとかいうのもあった。だから、結婚してる夫婦なら絶対大丈夫だということで新婚さんになった。

まだ結婚式場もあまりない頃です。それで神社に行って、最近結婚したひとを教えてもらった。

番組がスタートしてからは、応募者を集めて予選をやって出場者を決めるんですが、そのままではなくて構成作家が事前にインタビューしたエピソードを再構築するんです。素人ですから面白いことを言おうとすると逆に面白くなくなる。そこで、このエピソードはここで出しなさいとか演出している。

山田　それは、何となく感じますですね。

大山　いま聞いていて、関西のざっくばらんなエネルギーを感じました。東京では昔、徳川夢声の司会で『テレビ結婚式』というのがあった。スタジオで生だったんでリハーサルもやったんですけれども、長く続きませんでした。お金がない人たちがテレビでできるならって、希望者が多かったんですけれどもね。

植村　ほかには、どんな番組を。

山田　ええとね、『世界ふれあい街歩き』ってありますよね、BS（NHK）の。それから『日曜美術館』（NHK教育）も割合見ています。シリーズものではありませんが、ビザンチン帝国をとりあげた番組（NHKスペシャル『千年の帝国ビザンチン～砂漠の十字架に秘められた謎～』）。ビザンチンのことなんて知らなかったから、とても勉強になりました。再放送でしたけれど、山田風太郎さんの日記を素材にした番組（NHK『ハイビジョン特集　山田風太郎が見た日本　未公開日記が語る戦後60年』）。三國連太郎さんが山田風太郎さんに憑依していくような感じが良かった。そういうのが印象に残っていますですね。

植村　すると山田さんは、ながらではなく選択視聴をされているわけですね。毎日、何を見るかを前もって決められる。

山田　予約して、それで時間が空いたときに半分見るとか。

植村　じゃあ、ザッピングなんてあんまりなさらない。

山田　いや、ザッピングもしますけれども。でも、ずっと見ていて、ふっと索然とするのが嫌でね。

植村　一般の人が1日に視聴する時間は4時間弱で、一家の視聴時間は7時間近い。それに比べれば、ずっと少ない。

山田　まあ、そうですね（笑）。やっぱり時間をつぶすためにご覧になっている方もいると思うし、一人だと寂しいから、ついていればいいっていう気持ちもわかりますね。そういう意味では、テレビが人々の暮らしに入り込んでいるって思いますけれども。うんと最近では、パソコンとケータイがあればテレビは要らないっていう風潮もあると感じておりますが。

視聴者を甘く見るな

植村　もともと映画のご出身ですが、映画とテレビ番組の基本的な違いをどういうふうにお考えになりますか。
山田　映画館へ行って観たものは、心に刻まれ方がちょっと違うようなことは確かにあるなと感じます。
植村　やっぱり映画の方が深いということはありますか。
山田　それは作品によると思いますけれども、見るときの集中度が違いますでしょう。テレビは間にCM入りますよね。嘘の話に入り込むっていうのは結構手続きが要ると思うんですよ。やっと嘘の世界に入ったかと思うと覚まされてというかね。

植村　ＣＭ前のシーンがもう一度繰り返されたりすることがある。あれは興をそぎますね。

山田　嫌になりますね。ばかにされてるみたいな気もするし。

澤田　視聴者をそんなレベルだと思ってるわけですよ、作り手が。ドラマも演出も関係ない。どうすれば視聴率を取れるかにだけ腐心している。

大山　若い人は長い時間、同じ番組を見続けるってものすごく苦痛らしいんですね。だから適当なところでＣＭが入って、持続する精神力を必要としないようにできている。

植村　山田さんは、テレビドラマはご覧にならないんですか。

山田　たまには気になって見たりもします。ドラマに関していうと、モネの絵をいたずら描きか、まだ描きかけじゃないかって言った画家たちがいましたですね。その画家たちは、ものすごく腕は良くて、写真のように細密な絵を描いていたんですね。そういう人たちから見るとモネの絵は、ばかにしているのかっていうくらいのものに見えたと思うんです。一般の人以上に強くそう思ったに違いない。

ですからぼくは、自分が若い人の作品を見てね、非常に違和感があったり、これ何だとか思ったりすると、実はこの人はモネじゃないかって思うようにしているんですよ(笑)。ぼくが軽々に言って、足を引っ張りたくないなという気持ちがあるので、あまり発言したくないんです。

ただ、大衆文化っていうのは単純だと思っている作り手がいる。そういうのは、とても間違いだって思いますですね。大衆文化って結構奥が深くて複雑で、悪もあるし、苦みもある。そういうものを含んでいないと大衆文化たり得ないのに、非常に単純な文化、初歩的な文化をテレビ向けだって思っているところはないでしょうか。

植村 作り手が、視聴者を甘く見過ぎているんじゃないかと。

山田 大学を出て、知的な部分ではエリートの人たちが、大衆にわかるようなものを作れと言われると、自分を棚に上げて、自分が面白くないと思っても、それじゃないとわかってもらえないんだ、視聴率とれないんだって、自分にふたをしてしまう傾向があるんじゃないかなと思いますですね。でも、それは、とても間違いだと思います。

植村 ぼくは、幼い人にもわかる番組を作ればいいと思うんだけれど、志が低いものである必要はないわけですよ。子どもだからって、レベルを下げる必要はまったくない。

山田 そうですね。感じ取ってくれると思いますし、そこを信じるしかないっていうか。ただ、テレビってべらぼうな数の人が見ないと成功したって言われないでしょ。

その基準は非常に間違っていると思いますね。このところ少しテレビが主流じゃなくなってきたことは、むしろ良いことであって、どの世代にも受けようって手を広げれば広げるほど、お客さんが離れていくような気がします。

大山　テレビは幅広く視聴者のため、ということが合い言葉になっているけれど、最近の民放でいえばターゲット志向があって、番組ごとにF1ならF1、F2ならF2って、視聴者の世代を絞り込んだ番組を作ろうという流れがある。そのために、山田さんがおっしゃった、とにかくターゲットにどうやって受けるかってことをまず一生懸命考えていく。だから、自分がクリエイターとして何をどう発想すべきかが第一ではない。結局、伝えるべき芯をなくしちゃっている感がある。

ドラマ作りの姿勢の変化

植村　皆さんに伺いたいんですが、良い番組ってどういうものでしょう。また、悪い番組ってどういうものでしょう。

山田　良い番組っていうのはですね、関わったスタッフとキャストが後で、ポイントは俺が作ったんだとか、どこかで言ったりする。そして悪い番組は、自分は関わっていなかったような顔をする（笑）。自分を振り返ると、そう思いますね。

澤田　今年のNHK大河ドラマ『江～姫たちの戦国』をどう考えるかでドラマづくりの姿勢の判断ができると思う。あの制作チームは大河ドラマは歴史の副読本ではないという、はっきりした考えを持って脚本を作りドラマ化していった。スタートしてすぐに批評家に歴史を勝手に変えることを非難されたが、最後までフィクションの『江』で押し通した。あの時代に考えられない女性像でしたが、でも視聴者、ことに女性は権力闘争の時代劇を『江』を通して楽しんでいたようで、その意味では成功したドラマでしょう。大河ドラマの歴史から考えると問題だとは思いますけど……。

山田　つまり、史実に忠実なドラマなんていうものはあり得ないわけです。大体役者が出てきたら、それだけでしらけちゃうわけですから。だから、それなら別に何やったっていいじゃないっていうことですね。

澤田　あれは、たぶんそう思って制作していたんだと思う。

山田　ぼくは現代のドラマにもそういうところがあるような気がするんですね。こんなとき、人間がこんなことを言うかとか、こんなことをするかとか。でも、ドラマなんだから面白けりゃいいじゃないってなるとね、ぐすぐすになっちゃう。だから、あるところではドラマの作り方の姿勢が変わってきてしまったっていうことかもわからない。さっき言ったように、モネかもしれないと思ってしまうところがあるんですけれどね。

大山　山田さんの逆を言うようですが、やっぱり見た人がいつまでも憶えている番組が良い番組のような気がします。これまでの人生のなかで豊かな示唆や刺激を与えてくれた。そういうものと重なってくる番組が、良い番組なんだろうと思いますね。

『岸辺のアルバム』

植村　この間、『週刊現代』で歴代ドラマ100選をやったら、『岸辺のアルバム』が1位だった。その後、『週刊文春』でもベストドラマを選んだら『てなもんや三度笠』が1位だった。

澤田　あれにはぼくもびっくりした。でもね、『岸辺のアルバム』は歴代の人気ランキングの上位には必ず入っている。あのドラマを放送したときには、そういう評価が残るとは思っていませんでしたよね。あの時代を斬っているものが何十年もたって、番組として評価されるというのは、すごいドラマなんだと思いますよ、本当に。

植村　やがて来る世の中を予見している。家族の崩壊が始まる時代に、ああいうタイムリーなドラマを作ったことがテレビ史に残るゆえんだと思うんです。

大山　裏話ふうに言うと、三つありましてね。一つは、山田さんの小説が東京新聞に連載されたとき、ドラマ化しないかって編成が梗概を持ってきた。ちょうど私が金曜ドラマの番組制作の責任者になったころで、即座にぜひやりましょうと言った。設定はご存じのとおり、主婦である八千草薫さんが〝電話男〟という顔を見せない謎の男と後半になると不倫する。当時はまだ不倫なんて言葉としても通用していなくて、八千草さんも最初はそんな非現実的な話はどうでしょうって腰が重かった。

1回目の脚本を山田さんが書かれて、打ち合わせがあったときに、編成が早く電話男を出してほしいと言ってきた。山田さんが、退屈な主婦が時間を持て余して広い新しい家にポツンといる日常をきちんと描いて、その後、その心の空白にふと忍び寄るように電話男の声が聞こえてくるのが効果的なんで、その主婦の空白をきちんと押さえないとだめだと主張された。それは非常に正しかったんですが、話し合って、それでいきましょうとなった後、山田さんは、もうこれでTBSとは縁がなくなるだろうと思われ、TBS最後の作品と覚悟されて書かれた。

二つ目はね、鴨下信一と堀川敦厚《とんこう》。あの二人は、ぼくは最初、逆のキャスティングを考えていた。鴨下プロデューサー、堀川演出。そうしたら、鴨下信一氏がちょうど目の手術をしたばかりで「ぼくはもう目が見えなくなるかもしれない。だから、最後の演出をこれでやらせてくれ」って（笑）。それで彼は、最後の演出かもしれないと必死の思いで撮ったんです。

もう一つはね、このドラマでは多摩川べりという郊外の雰囲気が非常に大事なんですね。風景と家屋、それから登場人物。ＴＢＳは、それまでロケーションは外部プロに頼んでいたんですよ。まだ色の調子がスタジオ部分と合わないからロケーションはやらないとか言っていたのに、だんだん性能が良くなってきたものだから、今度はＴＢＳ本体の技術でやらせてくれと向こうから手を挙げてきた。この三つ、最初の意気込み、最後の踏ん張り、それらが絡んで本当に良かったんですよ。

植村　１９７７（昭和52）年ですね。

家族の崩壊

大山　自分たちが営々として築いてきた、ある種のぜいたく品を含めた財産が一挙に流されていくのは、東日本大震災と全く同じで、『岸辺のアルバム』の先見性には驚いています。

植村　家族っていうもの、日本ではもう崩壊しちゃったんでしょうか。それとも、また築かれるんでしょうか。

山田　そんな大問題はぼくにはわかりませんけど（笑）。『岸辺のアルバム』っていうのは、表面取り繕っているけど内部は壊れているっていう話で、最後には建物まで壊れちゃうんですが、３・11で建物がみんな壊れちゃいましたですね。そうすると絆が大事だって言うけれど、何ていうんだろう、それまで家族ってそこから逃げたいとかね、なるべく離れていたいとか、それがかなり日本人の主題だったわけですよ。

それで核家族が一つの理想型だった。その内部も壊れてきたりしているときに、津波が来た。じつは一番絆が大事だったたっていうのは、やっぱり一時の興奮でしかなくて。絆を取り戻したら、やっぱり憎み合ったり、逃げ出したりすると思うんですよ。人情としてはわかりますけれども、少し時がたてば、ただ絆が大事では済まないんじゃないかと思いますね。

植村　いまの子どもたちは自分の部屋があるから、そこに引きこもっちゃってね。あれが家族の崩壊の、そもそもの原因じゃないかって私は思うんですね。

山田　ええ。でも、そうやって個室を持ったたっていうのも一つの幸福だったわけですね。個室を与えられるのに与えないのは難しい抗えない変化だというふうに思うんですよ。生活の形は、どんどん商売とリンクしていく。ケータイ、パソコンもそう。いくらでも新しくしようとする流れになる。

それをストップさせる、どこかで少し動きを遅くするようなこと。ぼくはいま、それが日本の一つのテーマじゃないかという気はするんですけれども。

植村　そもそも一つの囲いのなかで暮らすっていうのが本来の家、家族じゃないかと私は思う。それが崩れてしまったことが、今日の家庭の崩壊につながってるような気がしてしようがないんです。

山田　そうですね。崩壊が実は理想型だったっていうかな。その究極の現象の一つが孤独死ですよね。皆いなくなって一人で死ぬ。それは理想の達成という側面もあると思うんですね。孤独死っていうのは映像を見ると悲惨だし、何とか救わなきゃいけないと思いがちだけれど、ぼくは、ただ生きていりゃいいって思っていない老人もかなり増えてきている気がしますね。

じゃあ死のうったって、そう簡単に死ぬわけにはいかないから、生きている。案外、老人自身は、そんなに不幸じゃない人もいるんじゃないかと思う。死ぬときも結構ハッピーなんじゃないか。ぼくは、哀れだとか救出とかいうのは、ちょっと違うんじゃないかって気もするんですけれどね。

澤田　一人で死んでる人が、すごく増えているでしょう。
山田　それで、皆に迷惑をかけたくないとも思っている。
澤田　100歳以上が何万人もいるんですからね。世界に冠たる長寿国ということは、認知症の人がどんどん増えるということだから、人に迷惑をかけずに生きる、そして死ぬことを真剣に考える時期が近づいているということです。

じつはぼく、老人ホームをまわって笑いを聞かせているんですよ、古い漫才とかね。すると認知症の人が反応するんですよ。一番いいのが浪花節です。広沢虎造の、〽旅ゆけば、の前弾きを聴いたらふっと反応する。昭和30年頃にはラジオのゴールデンタイムで競って毎晩のように浪花節やってたでしょ。テレビになってダメになったけど、ラジオ時代はすごかったんですよ。今レコードで聴くとものすごく楽しいんですよ。節がついてるから楽しいし、喋りがありますからね。それを聴いていた人たちが、認知症の世代になってる。

素晴らしい老人ホームがあるというので行ってみたんですが、海辺のサンルームから素晴らしいサンセットが見える。健常者には素晴らしい風景ですけど、老人はどんどん呆けていく。脳は常に刺激しないと細胞が死んでいくんです。老いていく親をどうするか。かつて日本に姥捨て山という風習があったことをどう考えるか。

植村　余分なものは整理していくしか術がないですもんね。

オリジナルで競う

植村　いつの間にかテレビ番組が変わっていってる気がするんですが、昔の番組を振り返られて、どう思われますか。

山田　昔は局によって番組の色が違ったという感じがするんですね。この番組はTBSならTBSのものだというような局のカラーが感じられた。私もNHKでやるドラマとTBSでやるドラマは違ったものをやろうと意識していました。結果、あまり変わっていなかったかもわかりませんが。

ほかのまねはしたくないという時代があったと思うんですよ。だけど、だんだん「あそこで当たったからやろう」となってきて、NHKでさえ似てきてしまって。成熟すると、周りと似たようなことをしようとする志向が強くなる。それが昔といまの番組の違いとして結構あるという気がしますですね。

大山　番組の75％程度を外部プロダクションの力に依存して、しかも同じ部隊が各局をぐるぐる回っているわけですから、テイストも内容も似てきちゃう。実質的な作業を任されても番組を当てるメドが欲しい。だから、成功例をなぞってしまう。食うためとはいえ制作者として歯がゆい。

植村 個性的な良質の番組の創造が望まれますが、そのためには何をしたらよいのでしょうか。

山田 やっぱりクリエイティブな欲求のある人が編成や番組制作の中心にいなきゃいけないと思うんですよ。サラリーマンとしては優秀であっても、そんなにクリエイティブな欲求のない人が発言力を持っていることは、ぼくはとても残念なことだと思いますですね。

それとクリエイトするということは、そんな簡単にしょっちゅう水準の高いものを創造できませんよね。だから、ゆっくり醸成していく時間が必要なものだと思うんです。でも、作る方は急いでいますから、マンガで当たったものがあれば利用しようという傾向になるのもわからなくはない。

ですが、やっぱりテレビドラマはオリジナルが中心になるべきだと思うんですね。テレビはマンガや小説の脚色を主流にして、オリジナルはなかなかやらせない。

ぼくは局の人に会うと若い人にオリジナルを書かせてくださいと頼むんですけれども、書かせると、何これというような緊張のないものを書いたりして、とても残念な結果になってしまうこともある。あまりクリエイティブな欲求がないのか、むしろ技術提供者として脚色をすることで割り切っているのかなという気がする人もいますですね。

大山　局の側にも問題があって、いまやテレビ局が一流企業になり、社員もエリート大学卒のサラリーマンばかりになってしまった。純粋な局の制作者が少なくなったから、管理者としての立場でアレンジメントすることだけがうまくなった。そういう意味で、気合や魂を入れて番組を作ったり、編成する人が少なくなった。

書く方にもプロデューサー主導で、ああしてくれ、こうしてくれという指図ばかり。原作モノだって、まずタレントを押さえなきゃいけない。売れっ子俳優を説得するには劇画みたいなものが手っ取り早い。オリジナル脚本よりも、脚色力とかコーディネート力が重用されることが多い。現場には、そういう不条理があるんじゃないですかね。

澤田　すべてデータなんですよ。官僚と一緒になってしまった。俳優やタレントでも当たってる人を集めて番組を作れば安全というわけ。

大山　新しいことにはあまり関心がなくて、挑戦しようとしない。古いことに従いながら、そつなくやろうというね。

植村　過去のデータというのは経験則でしかないわけで、新しいものは出てこないですよね。

大山　山田さんがおっしゃったように、クリエイターというのは、いままでにない何か、サムシングニューを作ろうという精神が一番根っこになきゃいけないですよ。

澤田　テレビは過去のことを学ぶ学校じゃないからね。テレビもラジオもオリジナルで競う世界でないといけないのに。オリジナルなものが通るのは、それこそデータとしてオリジナルのヒット作がたくさんあるという実績のある人だけに許されることで、全くの新人がオリジナルなものを提案しても、読んでももらえないんじゃないかな。

植村　いま、企画を局に提案しても実現しないことが多いと思うんですが、それを阻んでいるものは何でしょうか。

山田　さしあたってプロデューサーに目利きが少ないということがあると思うんです。それとまあまあ平和という時代に、現代を舞台にして新しいドラマを作るということは、やっぱりかなり大変なことなんです。それで新しさをあまり期待ができないから、人物、キャラクターというか、俳優さんですね、新しい人を見つけて使うことで新しさを出そうとするんでしょう。すると新しさがほんとに長持ちしない時代になって、すぐ古くなっちゃう。次の人物を探しちゃ出していく。その繰り返しに視聴者は飽きて熱気を感じなくなる。タレントに長持ちする人が少なくなってきていることが一方にあって、クリエイティブな物語を辛抱強く作っていく姿勢がなくなっているということですね。どこかで我慢して、ゆっくり作ることができるといいんですけれどもね。

過去の作品の継承

植村　尊敬する先輩はいらっしゃいますか。

山田　木下（恵介）さんは１９６５（昭和40）年に映画をほとんど諦める決心をなさって、ＴＢＳが枠を用意した舞台でテレビドラマを作りはじめました。すぐにはあまり冒険はなさいませんでしたけれども、次第に金ドラの源になるようなドラマを用意してくださったという敬意はとてもあります。

しかし、来年、生誕１００年ですけれども、映画の作品リストしかないんですよ。テレビでずいぶんいろいろなことをなさっているのに、映像も消えちゃってないのもありますし、テレビってなんてはかないんだろうと感じています。あまりはかないと人は集まってこなくなると思いますね。だからアーカイブの動きも、とても大事だなと思います。

澤田　テレビ界は素晴らしい作品を残したクリエイターを尊敬する気風がないですね。

山田　鑑賞眼もねばりがなくなってきている。例えば、私なんかの世代は初めてチーズを食べたときなんか、これ何だとか思いましたね。ワインもそう。初めのうち、こんなものをよくおいしいなんて言うなと思いました、若いときに。それがずっと接しているうちに、かなり際どいものもおいしく感じたりするようになってくる。

そういうふうに、早く結論を出しちゃいけないものがあると思うんですよ。それがテレビの場合は即断されてしまう。もっとゆっくりと過去のものを継承するというような流れがないと、テレビは刹那の勝負で若い人も残す値打ちなんかないのかなと思ってしまう。もうちょっと歯止めをかけるようなことができないかな、とは思いますね。

植村　一過性のものと思いがちですよね。

澤田　テレビの歴史というのは、映像で完璧につづることができないんです。まず番組が残っていない。生放送だった初期は仕方ないにしても、ビデオが登場してからも、初期のビデオテープは非常に高価だったために、時代を象徴するような番組が残っていない。そこが映画と大きく違う点です。

大山　テレビというのは、どうしても新しいもの、珍しいもの、面白いもの、とにかく先へ先へ行こうとし過ぎるから、それがいいところでもあるし、一方向しか見ないということもある。プラスになるかマイナスになるかというわかりやすいデジタル式の発想を要求してしまうから、長い目で時間をかけてものを見る、そのためには過去も振り返るというふうな、人間として大事な感性とか考え方を若い人には特にうまく受け継いでもらいたいなと思うんですが。いまの人は、直接目に見えるもの、自分で確かめられるものしか信じないんですよね。

情報バラエティーから総合情報番組へ

澤田　いまテレビの番組を編成している人たちは、テレビは現在を伝えるメディアであってフィクションは要らないと思っているのではないかと思うくらい、多くの人が見ている時間帯はバラエティーばかり編成している。それもお笑い芸人の情報交換の場のような番組を。

テレビはこれまでのメディアと違って短時間に何度も繰り返して情報を伝えることができるし、同じ情報を切り口を変えて使うこともできる。その結果、その情報があっという間に多くの人の関心事となり、情報がエンターテインメント化してしまう現象を生む。いまのテレビ、「情報バラエティー」という同じような番組が多すぎませんか。

大山　技術革新のおかげで、80年代ぐらいから報道が確かに力があるんですよ。ただ、テレビというのは、漫然と見ているうちに思いがけない知識や情報を与えられているところが素晴らしさだと思うんです。ドラマは、感動的な生き方、面白い人生、考え方、感じ方というのを非常に具体的に動く人間や関係の中で示してくれます。だから、いろいろな生き方を知る非常に重要なカテゴリーだと思っています。単なるエンターテインメントじゃなくて総合情報番組でもあると思っているんです。その時代の感性なり、考え方なり、風俗なりが入っています。見方によっては情報の宝庫。ドラマ出身だから言うわけじゃないけど、そういうドラマの力を信じています。

震災後、気仙沼に行きましたけれど、この惨状を正確にテレビは伝えていないんじゃないかと感じた。つまり、テレビの伝え方と、伝えるべき中身とがずれている。そんななかで、TBSテレビが深夜に『報道の魂』で「3・11大震災　記者たちの眼差し」という特集をやっていましたが、これは記者やカメラマンが狼狽したり、濁流の木の上に残っている人を助けようとしたり、大声を出したり、記者自身が自分をさらけ出した。新しい本音ドキュメンタリーだと感服した。

このなかで静岡放送の記者が、被災者に「どんなテレビ番組を見たいですか」と聞いたんです。そうしたら、年配者は、『水戸黄門』、大相撲中継。中年の主婦は、韓流ドラマ、ワイドショー。若い人は、ＡＫＢ48と楽天（プロ野球）。みな即答した。それを聞いて、ぼくはほっとしました。テレビは、暗い曇天から差し込んでくる一条の光のようにあるべきです。

ドラマでしか描けない世界

植村　山田さんは今度、３・11をヒントにＮＨＫでドラマ（『キルトの家』）をお作りになったと聞きました。

山田　いや、そんなに積極的に取り組めたわけじゃないんです。部分的にというか、津波の映像があったりするようなものではないんです。

ドラマというのはドキュメンタリーじゃ撮れない、例えば家のなかの夫婦げんかの細かな味も描けますね。ドラマでしか描けない世界は実に広いです。ドキュメンタリーでは差し障りがあるから、そんなに踏み込めませんけれども。

韓流ドラマで癒される人もいるでしょうけれど、やはりそれでは満たされない人もいるわけです。そこで、もっといわせてもらえば、成熟した視点でいまの時代にはこういう内面の劇、夢物語もあり得るんじゃないかというふうに差し出す。ぼくは、それはドラマ以外ではできないものだと思うんです。

澤田 いまプログラムを編成している編成マンがそう思ってくれないと、韓流ドラマでいいんじゃないかになっちゃうわけですよ。

植村 活字媒体でもフィクションとノンフィクションがあるわけですからね。

山田 フィクションの世界はもっと多様で深いはずです。テレビは、そう反道徳的なものはやれないけれども、それでもその気になればもっとやれることはたくさんあるはずです。いまのドラマで癒されない人は映画を見ろよというんじゃ情けないと思う。映画にするには小さすぎる話だけれども、実は小さな話こそ私たちの切実さにつながっているというようなものがぼくはドラマではたくさん描けると思っています。

澤田 テレビができたころ、すごくドラマって大事にしていませんでしたか。ぼくはバラエティーをやっていたからよくわかるんだけど、みんな一所懸命、テレビドラマはどうあるべきか、侃々諤々議論していた。

植村 いま、作り手もだらしがないんじゃないですか。

大山 局の信用を得て、オリジナルを頼んだらいいというのは、山田さんとか倉本

（聰）さんに限られちゃうんですよ。それに中堅では、井上由美子、大石静、岡田惠和、大森寿美男さんとかに。

植村　ぼくは年齢と創造力というのは無関係だと思うんです。だから、定年なしのテレビ局を提案したい。クリエイティビティーが豊かで精神の若い人は働き続ければいい。

澤田　でも、現実的には使わないじゃないですか、技術を磨いてきている人をね。

大山　それは局の編成担当者が若くなっているからですね。ベテランは、なかなか扱いにくい。どうしても敬遠することになる。

澤田　老人がいっぱいの日本になるわけだから、テーマとしても老人問題が大きいわけじゃないですか。老人のことは老人しかわからない。だからテレビマンが定年で引退するんじゃなくて、現場でもっと生かす工夫があればいいんですけど。

大山　中高年のプロダクションみたいなのを作って。

澤田　視聴者にしても、テレビを楽しみにしているのは高齢者じゃないですか。若い人はテレビを見ていませんもの。

大山　若い視聴者層が、若い人向けに作った番組をあまり見ていないみたいなんですよ。そこら辺はもう少しシビアに考えたほうがいいんじゃないかな。

植村　クリエイティビティーという点で一つ。ぼくはこの業界では表現者であるということをもっと大切にしなければいけないと思う。表現者でありたいという気持ちがテレビ局に充満していなきゃいい番組づくりはできないという気がするんですが、その辺いかがでしょう。

大山　ぼくもそうありたいとずっと思っていました。テレビに関わったのがテレビが始まって間もなくだったから、映画、演劇、既存の芸術に対してコンプレックスがものすごかったんですよ。だから、雲の上にいる目の上のタンコブの先行する芸術に対抗して、どうやってテレビ独自のドラマを作れるのかという、そういうパッションがものすごくありましたよ。自分ならこういう番組を見てみたい、あるいはこういう作品を作りたいという、そういう激情に追い立てられるように番組を作ってきたんです。だから、アイデアを持ち、勉強もして、ちゃんと他人の意見も聞き入れるという人は、大事にされなきゃいけない。育てていかなきゃいけないんですよ。

澤田　現実には毎日ものすごい数のテレビ番組を作っているわけです。莫大なお金を使ってやっている。こんな盛んな業界はないんですよ。映画、演劇の比じゃない。それなのに元気がないと感じられるのは、なぜなんですかね。何とかする方法を誰かが考えてあげないといけない。一つのアイデアですが、いっぱい賞を創設するのがいいと思うんですよ。作品よりも人だと思いますけどね。あの賞を目指して頑張ろうという賞をいっぱい作ってあげたらいいんじゃないかなと。

署名の必要性

植村　山田さんは大御所だから冠ドラマが通るんですけれど、テレビの署名性、作品の作り手を明らかにすることが、いますごく大事だと考えますが、いかがでしょう。

山田　大事なことだと思いますですね。作品は、ある個人が別の個人と出会って作るということ。そういう個というのがプロデューサーでもディレクターでも脚本家でも俳優でもいい、輪郭がはっきりした人が中心にいないといけないですよね。そうしないと、何となく誰かのせいにしちゃったりして、中心がないような作品ができてしまいますから。

植村　責任の所在が明確にされるという意味もあるし、全ての番組でそうした方がいいんじゃないかと思うんです。

山田　私は自分が書いた脚本を無断で手直ししたりすることをしないように頼んでいますけれど、それは二次的なこと。ほんとうは演出家や役者が、こういうふうに言いたい、こうしたらどうだろうと言い合って現場で変えていくというほうが健康だと思いますけれども、映画よりも時間がないでしょ。その場で思いついたアイデアなんていうのは、そこの一点についてはちょっといいアイデアだったとしても、全体を見ると流れを壊したり、浅かったりしがちなんです。それで、ぼくは脚本をいじらないでくれと言わざるを得ない。必要なせりふが足りないとしたら、それは演技や演出の表現のチャンスじゃないかと思うんですけれどね。

植村　澤田さんの作られたものなんかは、最初からアドリブ含みで作られているんじゃないんですか。

澤田　含みということはないんですけどね。アドリブが出ないコメディアンもいますから。笑わせる才能というのは、それぞれみんなレベルが違うわけですよ。だから、こっちがギャグつけるときもあるしね。台本レベルでしか出てこないギャグってあるじゃないですか。ところがリハーサルでタレントが入ると違うギャグが出てくることで面白くなることもある。そこはドラマとはちょっと違うと思うんですよ。

　コメディーは、とりあえず笑わせることが先じゃないですか。そのあとで視聴者はぼくらがひそかに仕組んでいる何かを勝手に感じてくれるわけで、正面にそれを出したらどうしようもない。

植村　いろいろな世界で志が失われつつあるという感じがするんですが、テレビマンにとっての志って、どういうものであるべきでしょうか。

山田　それぞれ違うと思いますけれどね。ぼくは、脚本を書く人間ですね。そうすると、オリジナルで書く場合、書き出し一つとっても散々考えるわけですね。そして、眠れなかったり、夜明けにこれだと思って飛び起きたり、そういうプロセスでものができていくのを、勝手にカットするとか、10回ぐらい書き直しさせるとか。そんなの決していいものになりません。10回も書き直せというのなら、お前が書けよと思いますね。

植村　クリエイティブを軽く見ている。

山田　ええ。ぼくだって演出家とディスカッションがあったうえでの変更は当然だと思います。そういうんじゃなくて、何か頭ごなしに上から言ってくるみたいな。それはぼく、とても若い脚本家から誇りを奪って、羽ばたけなくさせているんじゃないかと思います。

植村　編成が言うからとかね。

作り手をスターに

澤田　お笑いの世界では、スタープロデューサーがなかなか生まれない。ぼくとか横澤（彪）さんは非常に幸運な時期に仕事をしていたんだと思います。ぼくは『テレビガイド』の関西版が発刊されたときに番組が当たっていたから主役が表紙になるとか、ものすごくラッキーなことが重なって取材が多くなり、名前が売れた。最近、局の編成やCPが前面に出て、作っているディレクターの名前があまり出ない。会社の方針なんですかね。制作現場にスターを作ったらいいのにね。映画はなんだかんだいったって監督を次々に売り出すのでスターがいっぱいいるじゃないですか。

大山　業界にそういうスター的な存在がいると、やっぱり若手も目を輝かせる。現場のクリエイターがその他大勢で埋没してしまうような存在だったら現場はもう夢も希望もない。

植村　同じ業界の3人が集まって話を聞くという番組（NHK『ディープピープル』）で、脚本家が3人集まったときに、2人が山田さんに憧れて脚本家になったって。そういうものですよね。そういう人がいっぱい出てこないといけない。

大山　そういうことです。ライターもそうだし、俳優だってそうなんですよ。業界で輝く星を育てなくては。素敵なスターが出てくるのは楽しいじゃないですか。みんな期待し希望を抱く。同時代人で才能がある人がいると誇りに思う、それが大事。そういう才能を発見して大きくしていくのはエンターテインメントの醍醐味でしょう。

澤田　それには、やっぱり設計図がいる。脚本とか、それを動かす演出者がいないとタレントは光りませんからね。タレントだけがもてはやされているテレビって、おかしいと思うんですよ。テレビをもっとちゃんとしていこうと思ったら、作り手をスターにしないと。いま、女性のプロデューサーですごい人いっぱいいますよ。個性の強い役者を使って、すごいドラマを作っている。ぼくはそういうのを見ると、やっぱり生まれたときからテレビがあるから、ああいう人が育つのかって、ものすごく希望がわいてくるんだけど。そんな人は、もっと名前を売ってあげないと、テレビドラマの未来はないと思いますよ。

大山　女性でいうと、日本と韓国と中国の制作者フォーラムというのを10年つづけているんですが、今年は、ＮＨＫのドキュメンタリーと『フリーター、家を買う。』（フジテレビ）が女性プロデューサー。中国も女性が2人。女性の感性って細かいところに注意がいくし、テレビに合ってる。3メートル範囲の世界にものすごく詳しいし、そこをどうきちんと整理するかとか、そのなかで暮らすとかいうのに長けてるんですよ。

テレビのこれから

植村 山田さん、これからやりたいことをひと言。

山田 いま、テレビドラマを一つ書いております。ある集まりで「あなたは小説を書いても逃げ場がテレビにある。そういう逃げ場があるやつは信用しない」と言われたことがあるんですよ。でも、このテレビ界がどうして逃げ場なんかになるでしょうか。しかも年を取ってくると、どんどんチャンスは少なくなってくる。

ぼくは、テレビだけでやっているということに、もうかなり前から、これはだめだという気持ちがあって『岸辺のアルバム』も、まずは小説を書いたんです。テレビだけでやっていると、いろいろ言うことを聞かなきゃならなくなるという感じがあって、つまりテレビにすがっていますというような姿勢を持ちたくなかったんです。それはいまでもそうで、芝居も23作ぐらい書きましたけれども、そういうふうに小説も書いたりすることで、なんとか自分を維持しているというところがありましたですね。ほんとはテレビ一筋でちっとも構わないんだけれども、それでは自分の表現したいものが限定されてしまうという気持ちはずっとありますですね。

テレビは、一つはすごい人数が見るということですね。これはやっぱり表現を非常に限定されるところがありますね。でも、そういうものを若い人が壊していく、いままで表現できなかったものを表現するとか、それからこんなファンタジーは通用しないだろうと思っているものが通用するとか、こんな踏み込みはちょっとテレビじゃだめだろうと思うものが踏み込めるようになるとか、いまだってテレビにはチャンスがあると思いますね。ただ、それが実現するかどうかのプロセスのなかで潰されてしまうようなところが、いまのテレビにはあるんじゃないかなと思います。大山さんにぼくはずいぶん育てていただいたんですけれども、うまく引っ張っていっていただいたと思って感謝しております。そういうときのチームワークみたいなので、とてもぼくは助かった。

植村　テレビはこれからどうなっていくと思われますか。

山田　いま、老人問題なんかでも要介護5までのランクがあって、平等にしようとしますね。だけど、実は老人一人ひとりに、ものすごく個別の事情、個別の信念、個別の悩みとか、いっぱいあるわけです。制度としてなるべく平等にやらなきゃいけないというのが政治ですけれども、個々の老人たちの思いみたいなものは、テレビのドキュメンタリーなり、ドラマなりが担うべき世界だと思いますね。

ベテランは宝物

山田 ただ、老人を育てていないから、俳優さんがどんどんいなくなっちゃうんですよ。今度、NHKでぼくは老境の人たちにいっぱい出演してもらいたいと思ってドラマを書きました。ほんとに引き受けてくださったお年寄りに接すると、本読みをやったって若い人とは全然違う。読み込んでいて、さすがベテランの人というのはしっかりしているものだなと、あらためて思いました。宝物ですよ、いま生きている俳優さんは。ところが主役ができる人なんて、ほんとに数えるほどしかいないのです。それもどんどんいなくなりますでしょ。

澤田 それは大変なことですね。テレビのお笑いの世界ではベテランの活躍の場が少ないんで、ぼくは毎月ライブに出演してもらっているんですけど、文句なしの爆笑ですよ。味のある笑いを望んでいる人も多いから、テレビの笑いが変化する日は近いと思っているんですが、それまで健康でパワフルでいてもらわないと。ベテランは大切にしましょう。

山田　あるキャラクターがいなくなると、そういう人物を書きたくたって書けないいんですよ。ウディ・アレンが当たっていたときに、ああいうのをやりましょうなんてよく言われたけれど、日本にウディ・アレンはいないんですから、やれないいんですよ。その人じゃなきゃという俳優さんが、お年寄りにはいるんですね。だから、お年寄りになって輝いた俳優さんに賞を差し上げてスターにしてしまうということがあっていいなと思いますね。

植村　どこかで聞いた話ですけど、『ふぞろいの林檎たち』（83年、ＴＢＳ）のときに鴨下さんと収録で行き違いがあったと。山田さんが怒られるというのは想像がつきませんが。

大山　それはきちっとおっしゃいますよ、冷静に。自分のイメージと演出があまりにも違いすぎると、自分はこういうつもりで書いていないというふうにね。

山田　いやいや、ちょっとカッとなったんです。行き違いというか、何か腹が立っちゃったんですね。

植村　樹木希林さんのアドリブでも抗議されたとか。

山田　希林さんと久世（光彦）さんで打ち合わせて、何かやるんですよ。それは悪くないんです。あとになれば、せっかく久世さんという才能と一緒にやったのに何か封じちゃったなと思っています。そういうときってしようがないんですね、一種の戦いですから。ぼくの場合は、せりふは全部自分で書くから余計なことを言わせないでほしいと言ったんです。久世さんは非常に快く、「あっ、ごめんなさい」って、あとはちゃんとやってくださって、素晴らしかった。

植村　久世さんもまた作家でいらっしゃるから。

山田　ええ、ほんとうにありがたかった。

（2011年10月4日。一部敬称略）

第12章　デジタル時代のテレビ――北川信氏を迎えて

デジタル化で変わるもの

植村　郵政省（当時）の楠田修司放送行政局長が地上テレビのデジタル化の声を上げたのが1997年。北川さんが公職を退かれたのが4年前だから、ちょうど10年間、民放の先頭に立って地デジ化を推進され、大変なご苦労をされたと思うのです。ぼくらがデジタル化を耳にしたときには、まず多チャンネル化、次に放送の高度化と聞かされていた。これは達成されたのでしょうか。

北川　まず視聴者から見て、デジタル化という作業で何が変わるのかということですけど、次のようなことになるんじゃないかと思います。

まず第1に、電波に乗せる信号ですね。映像や音声の信号の波形がデジタルでは非常に単純化するので、信号が丈夫で劣化しない。その結果、映像でいえば、ボケるとか、揺れるとか、歪むとか、ゴーストが出る、混信が起こるとか、そういうことは一切ありません。更にデータだけでなくて、複雑な受像機制御などの信号も送ることができる。例えば受像機の不具合を放送波を使って調整することも可能になりました。

それから第2は、圧縮技術です。今まで無駄な送り方をしていたものを新しい技術で圧縮することができるようになった。簡単にいうと、送る情報の量が非常に大きくなった。地上波はアナログ時代もデジタル時代も同じ6メガヘルツという帯域の中で情報を送っているわけですが、大体3倍増える。3倍きめが細かくなった映像がハイビジョン。ではハイビジョンじゃなくて、スタンダードで送ったら何チャンネル送れるかというと、当然3チャンネルというのが現在のデジタル放送です。

第3に、ワンセグというのがあります。テレビではなく携帯でテレビ番組が見られる。野球中継なんかそれで見ちゃうというようなサービスがあります。ワンセグというのは6メガの周波数を13に分割した中の1つというんでワンセグ、ワンセグメントの略なんです。

帯域を13セグメントに分けて、それぞれ独立して電送するというやり方をマルチキャリアといいます。デジタルならではの電送技術ですが、なぜかアメリカでは採用していませんので、ワンセグはアメリカでは見られません。携帯で、無料のサービスなんですが、あれは電波を飛ばしているのが通信会社ではなく、地元のテレビ局だからです。そんなのがおまけで付いているっていうのも一つの変化ですね。

第4は、データ放送。地域コードを受像機に入れると、ピンポイントで天気予報を流してくれる。よく双方向サービスと間違われるんだけれども、あれは双方向ではない。カルーセル（回転木馬）という装置で、局が一方的に流している情報を選び出しているだけなんですけどね。ただニュースなんかはかなりレベルが高いものが文字で出てくる。

第5は、低廉化です。アナログ時代とほとんどテレビ受像機の値段は変わらなくなってきている。デジタル機器の生産の標準化が進んだ結果です。また、BS・CSの受信機と一体化したことも大きかった。

周波数の整備

植村　デジタル化によって、日本の周波数の問題はかなり整理されたんじゃないですか。

北川　たしかにもう一つ、周波数の再編成というテーマがありました。放送、通信の分野にまたがる大命題です。アナログ時代、テレビ放送に割り当て可能な周波数は全部で62チャンネル。62チャンネル使っていたものが、デジタル放送では40チャンネルしか使っていない。22チャンネルはアナログ停波と同時に国にお返ししているわけです。

植村　返却した周波数は有効利用されつつあるわけですか。

北川　ＵＨＦは携帯電話に割り当てて争奪戦になっています。放送のデジタル化を進めるなかで周波数を再編成し、通信事業者への割り当てを可能にする。総務省としては、そのほうも重要な課題との考えがあったのではないでしょうか。

植村　放送産業は高度化されたのでしょうか。

北川　高度化のなかに高品質化がありますね。いまハイビジョンは非常に評判がいいから、これは１００点満点でいいのではないか。多チャンネル化はあまり言われなくなりましたが、ＮＨＫ教育は3チャンネル放送をしていますし、ＷＯＷＯＷも3チャンネル編成を始めました。何よりもＢＳとＣＳも見られる3波共用受信機の普及が多チャンネル化のみならず、放送サービスの多様化にも役立つという意味で、当初に掲げた目標は、かなり実現されているといっていいと思います。

植村　ご苦労のなかに、莫大な費用の問題があったと思います。NHKも含めると1兆数千億円が出ていった。それに対する見返りとして得たものは、いったい何だったのかという意見もあるようですが。

北川　まず、アナアナ変換という周波数整備のために1800億円。大半は特別な予算枠を編成して国が支払った。各家庭のアンテナを付け替えたり、受像機を調整したり、ケーブルテレビに入ってもらうなどの費用です。国家予算の使い方としては議論もあったようですが、総務省もデジタル化を成功させるためにできるだけのことをしようという気持ちがあったと思います。

アナアナ変換は受信側の整備費用。これに対し中継局を作り替えて新しく建てる場合、それは放送側の設備ですので放送局の資産勘定に入りますね。中継局はハード・ソフト一致の原則で免許の根幹に関わるものだから、国に要求するのは筋が違う。設備投資は半分ぐらいが中継局。それにマスターとかスタジオの機材で、最終的に民放が7000億円、NHKが3000億円。これは全部、放送局が支出しました。

送信所は耐用年数があり、だいたい20年。通常のスタジオなどは15年ぐらい。ローカル局の場合、アナログ時代でも大雑把にいうと20年で30～40億円を減価償却してきました。しかし、これをデジタル放送移行のため一斉にやり、加えてサイマル放送もやるとなると、非常に経営に負担になった。ローカル局はデジタル放送スタート前後の2005年から2008年あたりは赤字決算の会社が結構出ていた。独立局の人が「デジタル化が強行されれば、お家は断絶。この身は切腹」と言っていたけれど、お家断絶は奇跡的にもついに1局も出なかった。検証の必要があると思うのですが、放送事業者が本当に本気になったということではないでしょうか。

デジタル化構想

植村　そもそも楠田局長がデジタル化しようと言ったきっかけは欧米では進んでいるということでしたよね。

北川　タイミングとしてはね。楠田さんが日本でも実施しようと言い出したのは1997年でしたが、その3年前、94年に前任の江川晃正局長がBSハイビジョンはもうミューズ方式ではなくデジタルだと言ってNHKがショックを受けた。このとき「世界の潮流」という言葉が出てきている。その年に郵政省の周辺で「放送のデジタル化に関する研究会」があり、郵政省、放送事業者、学者、メーカー、通信業界などの専門家が集まった。そこで出たのが地上放送への委託放送事業者の導入とハード・ソフト分離。採用すべき基準として、地上・衛星・ケーブル共通の基本構造をISDBと言っています。圧縮方式はMPEG2、地上波の変調方式はOFDMを打ち出した。みんなで寄ってたかって並べた。技術用語ばかりでわかりにくくて恐縮ですが、この3点セットは極めて優れたデザインで、世界に冠たるものだと思います。感心するのは、それをたった10年足らずで全部実現していることです。だから、考えたやつも偉いと思うけど、実現したやつも偉い。

翌95年になると「マルチメディア時代における放送の在り方に関する懇談会」。インターネットなども視野に入れながら、3波共通環境の整備をうたっている。地上・BS・CSは兄弟として扱うということです。今度は免許方針、つまり制度をどう変えるかが議論されている。デジタル放送を誰にやらせるかが問題として出てくるわけです。このときは既存事業者と新規参入者はイコールフッティングという考え方が主流でした。同時にサイマル放送が必要という意見も出てきた。ですから日本でデジタル放送をやるとすれば、「地上・BS・CSは一緒」「圧縮技術」「変調方式」「サイマル放送はやらないわけにいかない」というようなことが、だんだん共通理解になってきた。

96年に「放送高度化ビジョン」の発表。2010年に光ファイバーが全世帯に普及していることを前提に通信・放送制度の一元化と市場拡大を想定する。私も参加していたのですが、話があまりにも大きい。このとき多チャンネル化が一つの大目標になって、ケーブルテレビが200～250チャンネルで市場規模が6～7倍、衛星放送が400～500チャンネルで市場規模が6～7倍。地上波が20～30チャンネルで市場規模は2倍。ぼくらは「何の根拠があって言うんだ」と思った。

植村　厳しく糾弾されていましたね。

北川　ぼくは『月刊民放』に論文を載せた。通信業界には、全体のパイを広げて流通量を多くすれば、必ずお金はついてくるという考え方が強烈にあった。先ほど出た97年の楠田発言を受けて「地上デジタル放送懇談会」が97年に発足し、デジタル化の基本構想が検討されたのですが、放送を全部ブロードバンドに取り込んでいきたいという話がずっと通奏低音のごとく流れていた。われわれはそういうなかで作業していたわけです。

地上波はデジタル化の作業で何を要求すべきか、何を拒否すべきかを侃々諤々議論したわけです。まず「われわれの金で作ってきた中継局は手放さない。これがあるからデジタル化もできる。だからハード・ソフトは一致させよう」。地上波のデジタル化は、われわれ既存事業者が担っていくしかないと考えていました。しかし、大方は新規参入を拒否できないだろうと感じていたはずです。

新規参入問題

北川　通信業界は当時、ブロードバンドを普及させるのに苦労していたわけです。NTTの先行投資はなかなか回収できない、ビジネスモデルも作れないと焦っていたので、かなり強い要求が出るだろうと予測していた。そこに出た「地上デジタル放送懇談会」の結論が既存放送事業者優先、新規参入は認めない。「地上波にやらせる。その代わり全部自分でやれ」という答申が出たわけです。われわれも言ったことが通ったので「よかった」で済みそうなものですが、じつは「そこまで言っていいの」みたいな感じでびっくりした。国全体が、ずっと議論をしているなかで問題点がだんだん明らかになって、非常に骨太な結論が出た。これが98年です。

何とその2年後には、もうBSデジタルがスタートする。その3年後には地上波が広域局でスタートする。どうしたらいいかなどと言っている間に、メーカーは受像機の生産ラインを準備していたわけだよね。そうでなければ2年や3年であんなすごいことができるわけがない。日本という国は、みんながやる気になったときはすごくエネルギーが集中されると感じた。プラズマや液晶の薄型テレビが完成の域に達するのも90年代後半でしょう。あっちもこっちも条件がそろってきて、地上テレビの全事業者に免許を与えた。

植村　ニューカマーを参入させたほうが放送は活性化したのではないかと考えることもあるんです。既存の放送事業者が全部、既得の権利を守っているなかで。

北川　そうです。というより、50年も新規参入が行われなかった業界は、ほかにないわけです。そのため腐ってしまった部分も何度となく指摘されました。

新規参入の問題は、そのような背景も意識しながら、ずいぶん議論しました。ただ、あの段階で地上波の新規参入は、仮に広域圏だけ1チャンネル認めるようなことが、技術的には周波数が厳しいからできなかったかもしれないけれども、腹をくって整備すれば想定できたかもしれない。しかし、私はビジネスモデルは成り立たないと思っていました。新規参入者がどこへ、どうやって中継局を建てるのか。ソフトの調達は誰がやるのか。BS・CSでも新規参入は決して成功例は多くないのですよ。初期のWOWOWだって皆で協力したけれど、結局減資で経営危機を乗り越えるしかなかった。

「地上デジタル放送懇談会」の答申で新規参入を認めなかった背景には、以上のような判断があったと思われます。だから、一言でフェアな返事をすれば、あの段階では無理だった。デジタル化が完了した２０１１年7月以降に、もし周波数状況が許せば地上波に新規参入はあり得るとされたら、反対はできないという気持ちでいました。

植村　ありがとうございました。経緯がよく理解できました。

デジタル化の光と影

植村　デジタル化を終えたいま、テレビはどこに向かったらいいのかという前向きな話を伺いたいと思います。

放送と通信の融合ということがいわれて久しいわけです。テレビの視聴が減って、ネットへの接触が増えている。これは若い人はもちろん、ぼくなんかでもニュースは最近ネットで検索するようになっている。この関係がどうなっていくのか、見通し、お考えを教えていただければと思います。

大山　経営なさる方々は大変だっただろうと思うのですけれど、視聴者の側に立ってみますと、デジタル化で受像機の画面は大きくなって鮮明で、音もいい。薄型でデザインも良くなったし、何より番組自体にパワーが戻りましたね。たとえば『坂の上の雲』（NHK）、『南極大陸』（TBS）などの大作は堂々として見ごたえがある。そういう意味では、番組的には、いま、テレビ全体が活況を呈していると私は思います。しかし、制作者がデジタル化されたテレビをどう生かすのかというのは、まだ手探りの状態ではないかと思いますね。デジタル化を前提に力を入れて制作した番組は非常に見栄えがすることがわかったけれども、制作者も通常番組をきちんと面白く見せながら、なおかつ新鮮なビッグイベントをもっと華やかに多角的に見せることに、取り組みがいがあることに気づかないといけないですね。

シェア争いや広告費などでテレビとインターネットはライバル視されていますけれども、人びとがどのメディアで世界の動きや世の中の情報を知るかというと、テレビが相変わらず断トツ1位なんです。老若男女を問わず携帯電話を多用している。でも、それでテレビ視聴が減っているのではなくて、テレビを見ながら携帯電話もやる。昔は茶の間で一家そろってテレビを見て、お互いに意見交換した。いまは住む形が孤立化しているから、疑似家族のようにテレビを見ながら知人や家族と携帯電話で会話する。そのためにインターネットや携帯電話を使っているというデータをよく見ます。

将来はすみ分けがなされるだろうと思うし、いろんな情報は確かにソーシャルメディアで手に入れることはできますが、隅から隅まで手に入れようとしたら膨大な時間がかかるわけです。お年寄りや、そういう手間があまり得手じゃない人たちにとって、整理されてコンパクトになった情報あるいはエンターテインメントがテレビを通して流れてくるのは、現代生活を営む上で非常に助かる。ある種の時代の方向性も見られるから、ぼくはデジタル化されたテレビは、いままでの実績や信頼度からいっても、まだまだ期待されているし、それだけの力があると信じている。

ただし、問題はソフトだと思うのです。番組の作り手をどうやって育てていくかが最大の課題で、番組に魅力がない状態だったら、テレビの力がだんだん弱っていくのは必定です。いまのところ携帯電話やインターネットでテレビに対抗できるようなソフトは出てきていませんが、いずれいろんなところに入り込んでくるソフトも出てくるでしょう。放送人はテレビが日本の社会の基幹メディアだという自覚を強く持って、意識的に自己改革していくべきだと思う。

急がれるソフト制作

植村　やはり質の高いドラマやスポーツのビッグイベントはデジタルの大画面で見ると映えますね。

大山　そういうものを作れる力があるわけですから、後継者も含めて作り手を大きく育てていく。そのために業界に関心を持つ若者を増やし、内外の豊かな制作集団を放送局も応援して作り上げていく環境づくりが絶対に必要だと思います。

植村　口先だけでなく、局の内外の制作者が本気になってパートナーシップを築かなければいけないですね。

大山　本当にそうです。これからはソフトの勝負だっていつもいわれているのですが、高精細の画面になったからには、文字通りソフトがすべて。放送人はそれを自覚しないと。

植村　この座談会でもしばしば出てくるけれども、まず国がその気にならないといけないですね。つぎに局の幹部。

大山　国もアジアに目を向けて、日本の番組の輸出力が足りないと言っている。韓国は、国がそのためにものすごくお金と知恵を投入している。そういう姿勢が作り手を活気づかせるのです。「民間に任せます」では、限界がありますからね。

植村　澤田さん、いかがでしょう。ネットの攻勢があるなかで、テレビはどうやって生きていけばいいのか。

澤田　一番欠落しているのは常にソフトなんですよ。ハードに関して日本人はものすごく熱心だけれど、ソフトに関しては良いものを作るためにどうしたらいいか、どうあるべきかを真剣に考えたことがあるのだろうかと思うぐらい、議論がない。かつてのテレビ局のプロデューサーと制作プロダクションのプロデューサー、ディレクターが議論しあってソフトの制作をするという形が少なくなって、局直系のプロダクションがソフトづくりをほとんど担っていて、独立系の制作プロダクションはそこと競い合わないといけないから、疲れ切っていますよ。だけど、デジタル時代になってソフト作る人がいなかったら、テレビは画面のきれいなただの箱でしかない。ソフトのことを何も考えずにデジタル化を推進してきて、肝心のソフト制作はどうするつもりなんだろうと思う。

デジタル化で見やすくなったのはBSですよね。地上波、BS、CSが一つのテレビでボタンを押せば見られるようになった。テレビの大事なお客さんである高齢者が、いまBSをすごく見ていますね。先日、BSの番組に出演したら全国の友人から電話がかかってきた。何でBSを見たのか一人ひとり聞くと、地上波には何にも見るものがない。若いのがワイワイ笑ってやってるけれど、何が面白いのかわからない。BSは、ちょっとたるいけど、しっかり作っているじゃないかと全員が同じことを言うんですよ。

プロダクション経営の安定化を

澤田　デジタル化の未来は、さっき北川さんが言ったとおり推進したのもテレビ局、お金を出したのもテレビ局なんだから、テレビ局が維持して守っていかなければならないと思います。でも、ぼくに言わせたら、それでデジタル化の結果、何も変わっていませんね。それまでと同じものがいっぱいあります。ぼくはガラッと印象が変わるのかと思っていた。カラーのときのように。

ドラマなどは確かにきれいになった。NHKの『坂の上の雲』とか、えらい金をかけてテレビの力を見せていますからね。映画の人は真っ青になっているんじゃないかと思うくらいにね。美しく見せることについては確かにデジタル化が貢献したと思うけれど、美しい画面を作るためのカット割とか構図がじつにいい加減で情けない。いかに早く伝えるかだけ。ぼくは、やっぱり楽しさがキーポイントだと思うんですよ。正確さと美しさと楽しさをデジタル化したテレビが訴えなければいけないことなのに、このところ楽しさもちょっとおかしくなっていないか、というのがあるんですね。デジタル化の結果、ポスプロ（ポストプロダクション。映像撮影後の作業を担当する制作会社）がガタガタになって、いくつも潰れました。償却していない機材もあるのに、機器も全部デジタル化しなきゃいけませんから。近年は編集の技術がものすごく向上しているし、パソコンで全部できるようになったけれど、放送にはどうしても仕上げがいる。だからハード面も、ちょっとパワーダウンしている。

ぼくは55年間テレビをやってきたけど、この先は真っ暗だということがはっきりした。それなのに若い人は、目の前のことしか考えていない。未来像を語ろうにも「そんなことわかりません」とはっきり言うような状況です。テレビの初期には映画という先駆者があったから、ずいぶん真面目に議論したものですが、いま、そんな議論は誰もしない。

植村　視聴率が絶対価値を持ったことと無関係ではない。

澤田　いまこそテレビ局は、デジタル化されたテレビを通信などの新しいメディアとの関係において、どう方向づけるかを真剣に議論しなければいけないのだと思う。

それと同時に制作プロダクションの経営基盤をきちんとしなければ、どんなにすごいアイデアが生まれても新しい方向に進んでいくことなど不可能なのではないか。いま制作プロダクションのほとんどは億単位の資金を借り入れて仕事をしています。納品して3カ月後にテレビ局が入金するというシステムになっているからです。テレビ局が倒産することがないからいいという考え方もあるけれど、忙しい会社の社長は資金繰りが大変です。テレビ局の支払いまでのつなぎ資金がどうしてもいる。だから協同組合を作って政府系の低金利融資を受け入れるようにしたんです。制作一本でやってきた人が多いから少しは助けになっていると思います。

大山　これは韓国でやっているのだけど、ファンドを作って、制作プロダクションは安い金利で融資を受けられるようにする。そうするとまとまった資金が使えて借金も返しやすくなる。人材も育成しやすくなる。そういう仕組みが絶対必要ですよ。

植村　北川さんのような影響力のある人に、どこかできちんと発言してもらわないとね。プロダクションは自転車操業で疲弊しているけど、やめるにやめられない。局と制作会社の関係を見直さないと日本のソフト産業は良くならない。

取材力とアーカイブ

北川　ぼくはローカル局の立場で言おうと思っていたら、同じことを全部言われちゃった。ネットワークは、大変よくできた仕組みになっている。例えば報道の体制。新潟県中越地震のときなど、最初の1~2日は地元の局がヘリコプターを飛ばして新幹線が脱線した映像を映したりしたわけだけど、3日ぐらいたつと周辺のローカル局が援軍を1人、2人と出してきます。そのうちキー局からデスクなどのメインのスタッフが入ってくる。刑事ドラマで警視庁の刑事が所轄の警察へ乗り込んでくるような感じで、いばってるんだ。そういう風にして延べにすると100人を越える、じつに強力な取材体制ができあがっていきます。

いま、日本にネットワークに連なる民放テレビ局が114社あります。日本テレビ系列の場合、30局で一番多い。そこで1ローカル局が、普段は何も役に立たないけれど大事のときのために、ヘリコプターをずっとキープしている。だからお金がかかるわけです。とても一つの局では抱えきれないから、4~5局でブロックを作って回り持ちでヘリを押さえるとか、いろんな工夫をしているわけです。この機動力は、本当にすごい。新聞社だって持ってない。つまり、いま日本のテレビネットワークが持っている取材力は世界一。これが潰れたらかけがえがない。

インターネットが引き合いに出されて、フェイスブックみたいな形で一人ひとりの機動性はあるのかもしれないけれども、取材すべき対象だからジャーナリストとして取材する、この映像は撮らなきゃいけない、そういう本質的で意志的な取材をしている人がどれだけいるかと見ていくと、いまのところ新聞と放送の報道マンしかいないわけですよ。

一番大事なのは、テレビ局はニュースを絶対止めてはいけないということと、その伝え方。起こった出来事を伝えるだけなら誰でもできる。大事なことは、どれが重要なニュースかを見極めること。起こった出来事に優先順位をつけること。これはプロのジャーナリストでなければできない。新聞にしても放送にしても、本当の報道の強さというのは、取材の深さですよ。どれだけ裏付けが取れているか、過去に同様の事件がどういうふうに起きたか。結局、アーカイブです。いま、テレビ局ほどすごいアーカイブを持っているところはない。

個人的な言論の場としてのツイッターとかブログとか、いろんなものがあるでしょうけど、そのために放送局がなくなるということではなくて、放送局のニュースは放送局でなければできないがゆえに、放送局がやるということを覚悟しておく必要があると思う。そのなかで大事なことは、映像を蓄積することだと思うのです。次に取捨選択。それから取材の機動性。これは全部お金と人数がかかるので、大抵のところはやっていないけれど、ばかみたいにやっているのがテレビ。NHKが一番ばかだけど、すばらしい放送していますよね。

植村　NHKは、長期的な戦略を持っている感じですね。最近、わがもの顔が鼻につくけど。番宣とバックアップ番組多いでしょ。年金問題などにもメスを入れるべきじゃないかな。

地方の力

北川　デジタル化というのは目的じゃなくて手段で、単にインフラ整備をしたにすぎない。武器を手にしたということ。この武器を使ってこれから何をやるのかが、いまのテーマだと思うのですよ。そのときドラマとかコンサートとかスポーツは局制作じゃなくてもいい。どこかのプロダクションでも制作委員会方式でもいい。でも、報道だけは局で制作しなければいけないと言おうと思っていたのだけれど、皆さんの話を聞いていると、そんな簡単な問題ではないようだ。テレビが自ら制作することをやめたら駄目になるジャンルが山ほどある。そうすると、この番組だけは絶対続けようというような大きな経営判断をするには、誰がどうすればいいのか。

植村　やっぱり民放全体が、NHKとの二元体制のなかで生き残る方策を基本的なところで考え直す必要がある。

大山　東日本大震災が契機となって、日本の地方の風景や、そこに住む人々のありよ

う の美しさなどをあらためて見直させた。世界中の人たちが、日本のカルチャーや日本人の生活ぶりの素晴らしさに注目した。ヨーロッパをはじめ世界中の人が、地球全体が共存の時代ですから、日本人に学ぶべきものがたくさんありそうだと感じているらしい。

そんなことで、地方局が地域の持つ美しい風景、人々の暮らしぶり、それから伝統芸能といったものを映像でアジアに発信することを東北のローカル局を中心に進めている。アジアに目を向け、中国、韓国、シンガポールなどの人たちに、新しい日本だけではなく、伝統的な日本の良さも伝えている。昔の日本のドキュメンタリーを見て、こんなに日本は貧しかったのかと、びっくりされる。

そして地方には、じつは良いドキュメンタリーがいっぱいあるのですよ。制作者にもまだ意欲があるのだから、それを糾合して社会に広く知らしめることが大切ではないか。

北川 客観的で絶対に真実なんて報道はないわけですよ。記者がだまされているケースもある。真実の報道とは、必ずしも事実そのものを伝えることではなく、事実に関して視聴者が判断できるデータを提供することではないか。よいか悪いかは、あなた自身で考えなさい。局はこれだけの材料を提供しますというのが、正しい報道のあり方だと思う。

局が問題の重要性とか、どう受け止めるべきかについては、誤解を恐れず論説していいと思うし、局によって意見が違ってもいい。誤りに気づいたら、ごめんなさいという論説を出せばいい。これだけインターネットで裏情報が流れ、ウィキリークスまでが横行する時代になれば、視聴者の判断を手伝う情報提供という形のアプローチが必要だと思う。

澤田　テレビをよく見る視聴者に判断力がついて、もう昔の井戸端会議のおばさんじゃないんですよ。政治に関心があるし、1票持っているわけだから、選挙になると威力を発揮する。近ごろは政治家がテレビに出ているだけでは駄目になってしまいました。

新聞は原発問題で、論調が完全に違いますよね。テレビは、まだそこまでいっていない。しかし、これからは正確性をベースにした適正な解説や批評がないと、生きていけないんじゃないか。あとは娯楽の面で楽しいソフトを制作できるかどうかが、テレビが生き残る重大なポイントだと思います。

オピニオンを語れ

北川　どこがまずいか、どうすればいいかは、大体意見が一致したわけだけれど、それをいかに実現するかが問題だ。

澤田　テレビは、いま最大のメディアであるのに、局の意見や主張をする番組がなさすぎませんか。

植村　社説番組なんかも面白いかもしれない。もう、当たり障りのない解説なんていらない。

北川　放送局は社説を出せるかという議論はずいぶん昔からあり、山形放送が一時、堂々と出していましたね。おそらく、できるだけ公正、客観的な報道をするようになってきて、局の政治的な見解とか世論操作の危険を冒すような社説は、テレビではやらないということをなんとなく決めた。個人的な意見ですけれど、そろそろ社説を持ったらどうだろうか。

大山　各局に論説委員室といったものが必要でしょうね。社の見解や考え方や結論をはっきりさせるために、論説委員室が社の意見を代表すればいいんですよ。そしてN

ＨＫのように解説委員たちが意見を戦わす番組をつくる。

北川　新聞社にはあるでしょう、論説委員。放送局は論説とはいわない、解説委員というんです。各社に、客観・中立の解説はするけれど、論説はしないという雰囲気がある。

植村　個人的にいうと、ニュースに限らず、オピニオンを自分の言葉で語る人がいっぱい出るといいと思いますね。いま、どうでもいいことの揚げ足を取ることばかりでしょ。

大山　だから、いつまでたってもテレビが描くのは人間の魅力、人間が面白い。タイムリーな人間を発見して、何をパフォーマンスしてもらうかが大きな鍵になると思いますよ。しょせん、この世は人間社会ですもの。どういう人間を発掘して、テレビ的な新鮮なインパクトを生むか。それに尽きるような気がします。

北川　やっぱり若い人に頼むしかないですかね。

植村　北川さん、そうじゃない。これからわれわれの出番ですよ。４年前に公職を辞めたなんて言ってる場合じゃない。

大山　いまの若い人たちは、なんだか自信がなさそうでね。他人の意見に敏感で。

北川　いろんな人から聞きますね。すごく失敗を恐れる。

植村　日本国中サラリーマンなんですよ。スティーブ・ジョブズが2005年にスタンフォード大学の卒業式で行った講演で"Stay Hungry. Stay Foolish."と言った。株式時価総額世界一となったアップル社のCEOが、ばかばかしいままでいろと言う。そういう小利口ではないテレビマンがいっぱい出てこないといけない。テレビが好きで好きで、何か一丁やってやろうというのが出てこないと駄目ですよ。みんな優等生になりすぎている。

大山　テレビの面白さって、やっぱり予想外の、羽目を外すとか、権威をおちょくるとか、そういうものが必要なんですよ。

澤田　いわゆるお笑いタレントが集まって、好き勝手なこと言って、昔だったらとても言えないような言葉を平気でそのまま出しています。そういう意味では治外法権で、そこで視聴者もストレス解消しているところはあるけれども、できればもっと知的な部分であれくらい大胆な発言ができたら、そこでまた新たな楽しいものができると思うんですがね。

植村　好き嫌いは別にしてね。表現していることが大事。

北川　『積木くずし』（TBS）というドラマがあったでしょ。家庭内暴力。あれは、みんなが困って触れなかったことをテレビドラマが描いたら、すごい視聴率を取った。

つまり、学校でも教えない、親にも相談できないことをテレビが教えてくれた。そういうことがすごく大事だと思う。

大石内蔵助が評定で城を明け渡すか討って出るか思案する有名な場面があるけど、非常に平凡で安逸な生活を送ってきた初老の人間が「俺は、これで死ななきゃいかんな」と決断する瞬間がある。人間は、そういう瞬間にぶつかって自分で自分を決めなければならないとき、誰が教えてくれるだろうかとなると、やっぱりドラマだよね。そういう意味では、ドラマを滅ぼしちゃいけないと思いますね。

大山　一種のタブー破りみたいなことが昔からあった。それがメディアを生き生きさせていた。その精神は大事ですね。

テレビにしかできないこと

植村　私は、日本の今日の体たらくをもたらしたのは、テレビと教育だと思う。でも、何とか歯止めをかけなきゃいけない。どうしたらいいでしょう。これからのテレビ。

大山　世界のなかでも日本ぐらいテレビ好きの国民は少ないと思うのですよ。昔、各国にアンケートして、小さい島に行くことになって何か一つ持っていけるとしたら何を持っていくかときいたら、日本人はテレビと答えたんですよ。東日本大震災で被災された方々に、どんなテレビ番組が見たいですかと質問すると、時代劇とか大相撲とか韓流ドラマとかアニメーションとか答える。ワイドショーも見たい。日本人はどんな状況であれ、テレビを愛しているところがあるのですね。

この期待に背くべからず。変な言い方だけど、テレビは日本を支えている中心的なメディアという自覚と誇りをもって制作にあたらなければいけない。経営に携わる人たちも期待を上回る努力を怠らず、前向きの気運を育てていかなければならない。くどいようだけど、それを支えているのがソフトだと、もう一度認識して、頼みの外部プロダクションが疲弊している状況を、日本のテレビの未来の問題として国と業界を挙げて見直すことが、私は望ましいと思っています。

澤田 江戸時代の末期、突然黒船が現れたとき、見た人がものすごくショックを受けて、それを日本中に伝えていくじゃないですか、絵とか言葉で。

テレビも出現して以来、映像の力でいろんなことを変えてきた。それがインターネットの急成長に浮き足立って、大胆な実験的な試みができなくなっていた。そこへ東日本大震災。そのショックをテレビは映像で日本中に伝えてくれた。このあと日本がどう変わるか、そこでテレビはどんな役割を担うのか、見届けたいですね。

北川　いま、テレビ業界を囲んでいる環境を考えると、少子高齢化で売り上げは微減を続けている。インターネットの荒波にもまれつつある。結局、放送人として腹を固めなければならないのは、このままでは駄目だということ。どこかを削って、思い切ってスリムになりながら、いままでよりも強靭になることを、いま判断し、決意すべきだとぼくは思うんです。

その判断に際しては、いろいろな考え方があるのだろうけれど、いま放送がやっていることで、われわれでなければできなかったことは何か。何もかも捨てて新しくは無理な話なので、われわれが作ってきた財産を見直して、守るべきことをきちんと守るのが最低限やらなければいけないこと。もう一つは、自分の頭で考えて、自分の感覚で新しい事業の出発を決断する。人の言うことにはこだわらない。その二つが大事だと思います。

植村　せっかくデジタルという新しい器ができたわけだから、よい酒を盛りたいと思いますよね。

北川　いまインターネットで起きている世界中の出来事は、こんなもので終わらないと思う。可能性は無限。もっといろいろ出てくると思うのですよ。そのなかに中間的ジャーナリストというのも出てくるだろう。つまり、新聞社、放送局という巨大メディアと、一人ひとりがワーワー言っているツイッターとの間に、いろんな規模のいろんなアングルの情報メディアが生まれてくると思う。これからインターネットを舞台とする波乱万丈の時代が始まる。ある意味で、こんな面白い時代はないとテレビマンは認識すべきです。

植村　テレビでなければ伝えられないことがあると信じたい。いまこそ力を合わせて、放送の未来を切り拓きたいものです。

北川さん、今日はありがとうございました。大山さん、澤田さん、2年間ご苦労さまでした。

（2011年12月6日。一部敬称略）

あとがき

植村鞆音

東京芝浦の東京放送局仮放送所から、日本の放送第一声が発せられたのが今を遡ること87年、大正14（1925）年3月22日のことである。ベルリン・オリンピックの際の、有名な「前畑ガンバレ！」が昭和11（1936）年8月11日。太平洋戦争の終結を告げる昭和天皇の玉音放送が、日本放送協会によって放送されたのが昭和20（1945）年の8月15日正午であった。

民放ラジオの第一声は、中部日本放送により、昭和26（1951）年9月1日午前6時30分、愛知県鳴海町伝治山（現・名古屋市緑区）の送信所から発信された。

テレビ放送の免許を初めて受けたのは正力松太郎の日本テレビ放送網（NTV）だったが、本放送を開始したのはNHKのほうが先で、昭和28（1953）年2月1日のことだった。放送時間は1日4時間、受信料は月額200円、受信契約数は866

件であった。

民放テレビで、最初に放送を開始したのはNTVで、同年8月28日のことである。NHKの放送開始にほぼ半年の遅れをとった。民放連（日本民間放送連盟）が結成されたのは前々年、昭和26（1951）年7月である。現在の加盟社は201社だが、当時はまだ16社に過ぎなかった。それから、今年で61年になる。

昨年（2011年）が、民放連が結成されて60年という節目の年だった。その前々年の秋、私は主として番組制作の立場から放送のオーラル・ヒストリー（口伝）を残すべきだと思い立ち、たまたま居酒屋で隣り合わせた民放連の三好晴海さんにその旨を伝えた。三好さんからそのことを伝え聞いた当時「月刊民放」の編集長だった西野輝彦さんが即断して、「放送の未来に向けて」という座談シリーズの連載が決まった。予定どおり、翌平成22（2010）年の三月から隔月で丸2年、12回の連載を終え、この3月終了した。

文庫化に当たっては最初の速記録に立ち戻り、連載中スペースの関係で割愛せざるを得なかった話題についても、復元・加筆することができた。

企画の発案者である私と「月刊民放」の編集スタッフがまず確認したのは、できれば60年間番組制作に関わり、その実態について具体的に語れる人に話を聞きたいということだった。そこで、テーマごとにゲストを選ぶことも考えたが、結局、レギュラー出演者を大山勝美さんと澤田隆治さんに固定することで決着した。結果、それがよかったと思う。

大山さんは昭和7（1932）年生まれである。大学を卒業後、ラジオ東京（現・TBS）に入社した。入社後は主としてドラマ制作に携わり、定年退職して「KAZUMO」という番組制作会社を立ちあげ今日にいたっている。TBS時代に手がけられた『岸辺のアルバム』や『ふぞろいの林檎たち』は、私のもっとも傾倒したドラマであった。

私は、テレビ東京の編成局長を務めていたころ、他局ではめったに取りあげることのなかった明治以降の文芸名作をドラマ化することを思いつき、大山さんには、夏目漱石の「こころ」「門」、高村光太郎の「智恵子抄」などを演出していただいた。大学を卒業してしばらくの間、映画会社に勤務したことのある私は、なによりもまず作り手にこだわる編成マンであった。

澤田さんに出会ったのも、編成局長時代だったように思う。澤田さんも私の敬愛する番組制作者のひとりであった。『てなもんや三度笠』で、ある時期、平均50パーセントの視聴率実績を持つ大先達である。

澤田さんは昭和8（1933）年に大阪で生まれ、大学卒業後、朝日放送に入社。『てなもんや三度笠』『スチャラカ社員』などの公開コメディー、『ただいま恋愛中』『新婚さんいらっしゃい！』などのトークショーで高視聴率男の異名をほしいままにした。朝日放送在籍中に番組制作会社「東阪企画」を設立、『ズームイン!!朝！』『花王名人劇場』なども手がけている。

私はトークショー全盛のころ、2匹目ならぬ8匹目（7匹までいる由）くらいのドジョウを狙い、ゴールデンタイムで子どものトークショー『初恋バンザイ！』や、午前11時台で『三波春夫の人生の研究』などをベルトで制作していただいたりした。意に反し、視聴率は芳しくなかった記憶がある。

しかし、座談シリーズ「放送の未来に向けて」の語り部としてのお二人は申し分なかった。大山さんも澤田さんも、草創期からのテレビの歴史に精通されていたし、明確なご自分の意見を持たれており、なおかつ雄弁でもあった。小心で寡聞の私は、聞き手を務めながら、間然する暇がなかった。

連載中は、収録の2、3週間ほど前に編集スタッフと次回のテーマと段取りを決める。座談の会場は民放連の会長室。初めのうちは慣れないことで緊張の連続だった。大山さんは、下調べは入念で発言はアカデミックだった。澤田さんは実力者だけに業界の裏話まで知悉されていて、話があちこちに飛ぶ。収録の分量は予定の3倍、4倍に膨れた。ゲラのアラ編は私の役目だったが、これには手こずった。

本番での私の役割は、聞き手なのでメニューさえ決めれば気楽なものだったが、メニューを受け取ったあと、お二人の事前学習は相当のものだったに違いない。読み返してみると、連載時に気づかなかったことをたくさん発見する。長老の体験や考察や意見には、これからの放送を、あるいは日本を考えていくヒントがたくさんちりばめられているように思う。

そもそもシリーズの狙いが民放60年の「オーラル・ヒストリー」であるから、全章回顧が中心になっているのは当然といえば当然である。第1章「テレビ放送がはじまった」、第8章「わたしの修業時代」などは、まさにオーラル・ヒストリーそのものである。大山さん、澤田さんの証言で草創期のテレビが鮮やかに蘇っている。当時、制作番組は原則ナマで、制作者たちは前衛的かつ実験的。自由な自己表現を謳歌した。「記憶に残る演出家、制作者は」という私の質問に、和田勉、岡本愛彦、井原髙忠、萩元晴彦、小谷正一、各氏の名前があがった。クローズアップを多用して初めてテレビ独自の映像表現を創出し、同業者たちに刺激を与え続けた和田勉。ドラマ『私は貝になりたい』で天皇の戦争責任に迫った岡本愛彦。草創期のテレビには偉才や侍がたくさんいた。

正月号の彩りの意味もあった第6章「テレビ史を彩った女優たち」とその姉妹編、第7章「心に残る男優・タレント」。「女優たち」では、大山さんの「女性上位の時代の到来とともに、父親主役のホームドラマは徐々に母親ドラマにとって代わられた」という時代の変遷を興味深く聞いた。もっとも、いまや家族の崩壊で母親主役のホームドラマさえ見あたらないわけだが。

お二人の話を聞いて羨ましく感じたのは、海外における「スター育成システム」の存在と充実である。イギリスには、テレビ俳優養成のプライベートスクールがあって、現役の演出家やプロデューサーが演技指導にあたっている。本物のテレビカメラを使っての実技なので、いいトレーニングになる。アメリカでは、俳優の基本となる舞台的な発声や演技のスクールが随所にある。また、韓国や中国では、国を挙げて映像産業の振興と育成に力を入れている。昨今の韓流ドラマの隆盛は、韓国の国を挙げての施策の結果だという。

「男優・タレント」で大山さんもいわれているが、笠智衆、佐分利信、森雅之、宇野重吉、芥川比呂志、東野英治郎、山村聰、木村功……昔の俳優さんは、なんて個性的ないい顔をしていたことだろう。いまの日本の若手俳優やタレントは、イケメンではあっても没個性で、誰が誰やら見分けがつかない。

第2章「バラエティーとモラル」では、澤田さんが実体験に基づいたバラエティー論を披露された。「視聴者がテレビを見て『ドラマ見巧者』になった。その結果、物事をドラマ風に受けとる人を一挙に拡大した。いまや漫才やバラエティーにはドラマが不可欠」という。「3分間に1回山場を」というのが、現役時代、私たちが先輩から受け継いだ教えであったが、いまや山場ではなくドラマか。なるほど。成功者の発言だけに妙に説得力がある。

第10章の「スポーツ、子ども番組」では、ないがしろにできない視聴対象として、子どもと老人の問題をとりあげた。放送人は電波が国民の共有財産であることを忘れてはならない。いかに購買者としての価値が低かろうと（私は逆だと思うが）、テレビはこの次代を背負う子どもと圧倒的多数を占める老人を無視することはできない。

第10章を終えた時点で、残りの2回分にゲストを迎えることになった。第11章の山田太一さんと第12章の北川信さんである。

第11章「テレビに望むもの」は、あまりテレビをご覧にならないという山田太一さんの愛好番組が『新婚さんいらっしゃい！』だという意外性ある発言から始まった。

『新婚さん』初代の制作者は澤田さんである。また、山田さんの代表作であり、家族の崩壊を描いた『岸辺のアルバム』のプロデューサーは大山さんだった。

『岸辺のアルバム』の回想を契機に、話題は「家族論」へと発展する。現代の孤独と不安の根源が「核家族化」にあると私が主張したのに対し、山田さんは「一概にそうとはいえない。戦後のある時期、核家族こそが日本人の理想だった。その究極の現象の一つが孤独死かもしれない。孤独死は映像や活字で見ると悲惨だが、理想の達成という側面もあるのじゃないか」と反論される。あるいはそうかもしれない。

最終回の「デジタル時代のテレビ」では、1997年郵政省（当時）がデジタル化の方針をぶちあげて以来、民放の先頭に立ってデジタル化を推し進めた北川信さんの理路整然とした回顧を聞いた。結論は本章を読んでいただくことにしてここでは触れないが、内容は最終回に相応しいものであった、と思う。

順序が前後してしまったが、「放送の未来」を考えるとき、もっとも肝要なのは、第3章「視聴者をどう捉えるか」、第4章「制作現場のあるべき姿とは」、第5章「制作現場に夢を取り戻すために」であるに違いない。ここでは、番組制作のあるべき姿について論じている。

番組の価値が視聴率という尺度だけで評価されることに忸怩たる思いを抱き続けた

私は、議論をそちらに振ろうといくつかジャブをだしてみたが、お二人はなかなか乗ってこなかった。たしかに番組の質を数値で捉えることはむずかしい。「視聴率競争こそ新しい番組を生み出す活力源」という大山さんの意見に、なるほどとうなずくしかなかった。

シリーズを通し、お二人が語ろうとされたことは大きく三つあると思う。一、民放テレビの先行きは必ずしも明るくない。二、そうは言っても、テレビは強いメディアであるし、将来も基幹メディアであり続けるだろう。三、昨年7月のデジタル化をもってインフラ整備は完了したが、問題はソフト開発につきる。

デジタル化が完了したいま、たしかにソフトの開発こそが、テレビの命運の鍵を握るに違いない。だが見回してみると、肝心のソフト制作の現場がなんとも心もとない。日本中のあらゆる職場がそうであるように、番組制作の現場もサラリーマンばかりになってしまった。守りの姿勢で冒険を避け、ミスを恐れる。指示待ち族が多く、けっして自分の領域を踏み越えようとしない。もともとサラリーマンを目指した人たちなので、新しい番組を創り出そうという意欲も薄い。

さらに、作り手のクリエイティビティーを阻害しているのは、局と制作プロダクションとの共同制作体制である。局のプロデューサーがいて、制作プロダクションのプロデューサーがいて派遣のディレクターがいて、派遣のADがいて……全員、目的意識の薄いその日暮らし。

番組論がないのも近ごろの制作現場の特徴の一つである。昔は、番組一本撮り終えると、スタッフ全員集まって、侃々諤々の議論を闘わせたものだ。番組論がなくなったのは、視聴率が絶対価値をもった功罪のうち、罪の一つかもしれない。番組のよしあしの分かる目利きもいなくなったという。

イコールパートナーを口にしながら、けっして平等とはいえない、発注、受注、派遣、下請け、権利などの問題。外部から参加するスタッフの待遇は、内部スタッフのそれに比べ著しく劣る。形は局制作ということになってはいても、実質的にはそのほとんどを外部スタッフに依存している制作体制。権利の大部分は局に残る。この不条理は、どこかで解決しなければならない。

私をふくめ三人の意見が一致したのは、このままでは民放テレビは破滅の道を歩むかもしれないということだった。そうはさせたくない。しかし、もはや現場で解決できることは少なくなった。ソフトの開発も制作者の権利の問題も、現場というよりはむしろ国と経営の施策の問題として捉えるべき時期にきているのかもしれない。

最後になったが、この企画を「月刊民放」誌上で実現してくださった民放連の西野輝彦さん、安斎茂樹さん、矢後政典さん、文庫化に際して協力してくださった筑摩書房の湯原法史さんに厚く礼を申し述べる。また、この出版を「民放連60周年記念」としてくださった民放連関係者の方々にも。

二〇一二年五月

山田太一（やまだ・たいち）
1934年東京都生まれ。58年早稲田大学教育学部卒。松竹入社、木下恵介監督に師事する。テレビドラマの脚本を中心に、小説、戯曲、シナリオ、エッセイを執筆。主な作品に『岸辺のアルバム』『男たちの旅路』『獅子の時代』『ふぞろいの林檎たち』『早春スケッチブック』等。小説に『飛ぶ夢をしばらく見ない』（新潮社）等。

北川信（きたがわ・まこと）
1930年東京都生まれ。53年東京大学法学部卒、日本テレビ放送網入社。専務取締役を経て、94年テレビ新潟放送網代表取締役社長。2003年同会長。99年民放連・地上デジタル放送特別委員長、01年総務省・全国地上デジタル放送推進協議会会長、03年地上デジタル放送推進協会（Dpa）初代会長に就任。

著者紹介（登場順）

植村鞆音（うえむら・ともね）
1938年愛媛県生まれ。62年早稲田大学第一文学部卒。同年東映入社。64年東京12チャンネル（現・テレビ東京）入社。主に編成を経て、99年テレビ東京制作代表取締役社長。現在、著述業。著書に『直木三十五伝』（文藝春秋）、『歴史の教師　植村清二』（中央公論新社）、『夏の岬』（文藝春秋）、『気骨の人　城山三郎』（扶桑社）。

大山勝美（おおやま・かつみ）
1932年鹿児島県生まれ。57年早稲田大学法学部卒、ラジオ東京（現・TBS）入社。92年 KAZUMO を設立、代表取締役社長。放送芸術学会副会長。主な番組に『岸辺のアルバム』『ふぞろいの林檎たち』『藏』『長崎ぶらぶら節』『天国までの百マイル』等。著書に『私説 放送史』（講談社）、『テレビの時間』（鳥影社）等。

澤田隆治（さわだ・たかはる）
1933年大阪府生まれ。55年神戸大学文学部卒、朝日放送入社。75年東阪企画設立。日本映像事業協会会長、テレビランド社長、放送芸術学院専門学校学校長。主な番組に『てなもんや三度笠』『新婚さんいらっしゃい！』『ズームイン!!朝！』等。著書に『上方芸能列伝』（文藝春秋）、『決定版 私説コメディアン史』（ちくま文庫）等。

本書は「月刊民放」に二〇一〇年三月から十二回、隔月連載されたものを加筆訂正した。

ちくま文庫

テレビは何《なに》を伝《つた》えてきたか
——草創期《そうそうき》からデジタル時代《じだい》へ

二〇一二年六月十日　第一刷発行

著者　植村鞆音（うえむら・ともね）
大山勝美（おおやま・かつみ）
澤田隆治（さわだ・たかはる）

発行者　熊沢敏之
発行所　株式会社　筑摩書房
東京都台東区蔵前二―五―三　〒一一一―八七五五
振替〇〇一六〇―八―四一二三
装幀者　安野光雅
印刷所　中央精版印刷株式会社
製本所　中央精版印刷株式会社
乱丁・落丁本の場合は、左記宛にご送付下さい。
送料小社負担でお取り替えいたします。
ご注文・お問い合わせも左記へお願いします。
筑摩書房サービスセンター
埼玉県さいたま市北区櫛引町二―六〇四　〒三三一―八五〇七
電話番号　〇四八―六五一―〇〇五三

ISBN978-4-480-42957-5 C0165